はじめての

3級・4級

アマチュア無線

技士試験 吉川忠久 監修

テキスト＆問題集

つちや書店

は じ め に

　"ハム"の呼び名で親しまれているアマチュア無線は、個人的な興味によって行う無線通信で、金銭上の利益を得る無線通信ではありません。しかし、公共のフィールドを使って電波のやり取りをするため、電波法などの法令に定められた一定の資格を有している者でなければ無線通信を行うことはできません。

　アマチュア無線技士の資格は1級から4級まで4段階に分けられていますが、このうち3級と4級は、比較的簡単な試験に受かれば取得できる初心者向けの資格です。4級の資格を持っていれば、アマチュア局の免許を申請し、自分の無線局を開局することができます。野外ではハンディトランシーバで気軽に通信をしたり、自宅ではアンテナと無線機を備えて世界中のハム仲間と無線電話による交信を楽しんだりすることができます。また、3級の免許の所有者は無線電話に加え、モールス符号を使って無線電信による交信をすることもできます。最近では、ドローンを飛ばしてレースや空撮を楽しむために4級の資格を取得する人が増えています。

　3級と4級の試験の違いについてですが、電波法規に関しては、モールス符号と国際法規の問題が3級のみに出題される以外はほとんど同じです。無線工学に関しては、4級の試験問題をベースに3級は出題の範囲と出題数が若干多いだけです。4級の資格を持っていなくても、一足飛びに3級の試験を受験することもできます。

　本書は4級の受験はもちろん、3級の受験にも十分対応できる内容になっています。主な特長は次のとおりです。

1. 各節のはじめの出題例で、この節で勉強する内容が試験にどのような形式の問題で出題されるのかがわかる。
2. 内容を補うメモとフォローアップで、より知識が深まる。
3. 各節の終わりのチェックで、覚えるポイントがわかる。
4. わかりにくい内容は、図とイラストの説明から、見るだけで理解できる。
5. 過去の頻出問題をまとめた模擬試験問題を繰り返し解くことで、知識が定着する。
6. 試験直前対策丸暗記事項とポイント用語集によって、直前に見直しができる。
7. 試験合格後も参考書として使える。

　試験は簡単な知識を問うものがほとんどですが、いずれもアマチュア無線局を運用していく上で知っておかなければならないことばかりです。この本を上手に活用して試験に合格し、1日も早くハムの仲間入りができるよう祈っています。

吉川忠久

もくじ

Part1　無線工学

1　無線工学の基礎

2　電子回路

受験ガイド

　アマチュア無線をはじめるためには、無線従事者の資格(免許)が必要です。3級、4級アマチュア無線技士の資格取得には、次の2つの方法があります。

・国家試験に合格する。

・養成課程講習会を受講し、修了試験に合格する。

(1)国家試験を受ける

　国家試験は、国から委託された(公財)日本無線協会が実施しています。

① 試験の概要

・受験資格

　無線従事者試験を受ける上で、年齢・学歴などの制限は一切ありません。希望する者はだれでも受験することができます。

・試験の時期と場所

　3級・4級アマチュア無線技士の試験は、2022年3月までは全国の県庁所在地などでマークシート方式の試験が実施されています。2022年4月からは全国各地にあるパソコン教室などでコンピュータを使ったCBT方式の試験が実施されます。

＊CBT方式……CBTとは「Computer Based Testing」の略称で、コンピュータを使った試験方式のこと。

　期日や回数は試験地によって違いますので、(公財)日本無線協会のホームページ(https://www.nichimu.or.jp/)で確認してください。なお、試験は居住地に係わらず全国どこでも希望する試験地で受験することができます。

・試験の申請方法

　試験の申請は、(公財)日本無線協会のホームページからパソコンやスマートフォンを使用して行います。

・申請の時期

　試験申請の受付期間は、(公財)日本無線協会のホームページで確認してください。

② 試験の内容

・出題形式および試験時間

　3級・4級の試験は、2022年4月からCBT方式になります。マークシート方式の試験は2022年3月までです。

【3級アマチュア無線技士試験】

試験科目	出題数	出題型式	解答方式	試験時間
法規	16問	4肢択1式	マークシート／CBT	1時間10分
無線工学	14問	4肢択1式	マークシート／CBT	

マークシート方式は2022年3月まで

【4級アマチュア無線技士試験】

試験科目	出題数	出題型式	解答方式	試験時間
法規	12問	4肢択1式	マークシート／CBT	1時間
無線工学	12問	4肢択1式	マークシート／CBT	

マークシート方式は2022年3月まで

・試験科目と出題数

法規		
項目	出題数	
	3級	4級
無線局の免許	2	2
無線設備	1	1
無線従事者	1	1
運用	5	5
監督	2	2
業務書類	1	1
国際法規	2	–
モールス符号の理解度を確認する問題	2	–
合計	16	12

無線工学		
項目	出題数	
	3級	4級
基礎知識	1	1
電子回路	1	1
送信機	3	2
受信機	3	2
電波障害	2	2
電源	1	1
アンテナ・給電線	1	1
電波伝搬	1	1
測定	1	1
合計	14	12

＊電気通信術モールス符号の理解度を確認する問題(3級のみ)について
3級の「法規」の試験問題のうち2問は、モールス符号の理解度を確認する問題が出題されます。
アルファベットや数字のモールス符号を選択肢の中から解答を選びます。

・合格基準

　3級は、「法規」16問中11問、「無線工学」14問中9問以上の正解で合格です。4級は、それぞれ12問中8問以上の正解で合格です。

・合格発表と免許申請

　試験の結果は、(公財)日本無線協会の結果発表のダウンロードサイトで確認することができます。合格者は無線従事者免許の申請をします。

【試験に関する相談及び協会の所在地】

事務所の名称	所在地	電話
(公財)日本無線協会本部	〒104−0053 東京都中央区晴海3−3−3	03−3533−6022
(公財)日本無線協会北海道支部	〒060−0002 札幌市中央区北2条西2−26　道特会館	011−271−6060
(公財)日本無線協会東北支部	〒980−0014 仙台市青葉区本町3−2−26 コンヤスビル	022−265−0575
(公財)日本無線協会信越支部	〒380−0836 長野市南県町693−4　共栄火災ビル	026−234−1377
(公財)日本無線協会北陸支部	〒920−0919 金沢市南町4−55 ＷＡＫＩＴＡ金沢ビル	076−222−7121
(公財)日本無線協会東海支部	〒460−8559 名古屋市中区丸の内3−5−10 名古屋丸の内ビル	052−951−2589
(公財)日本無線協会近畿支部	〒540−0012 大阪市中央区谷町1−3−5 アンフィニィ・天満橋ビル	06−6942−0420
(公財)日本無線協中国支部	〒730−0004 広島市中区東白島町20−8　川端ビル	082−227−5253
(公財)日本無線協会四国支部	〒790−0003 松山市三番町7−13−13 ミツネビルディング	089−946−4431
(公財)日本無線協会九州支部	〒860−8524 熊本市中央区辛島町6−7 いちご熊本ビル7Ｆ	096−356−7902
(公財)日本無線協会沖縄支部	〒900−0027 那覇市山下町18−26　山下市街地住宅	098−840−1816

(2)養成課程講習会を受ける

　総務省認定の「アマチュア無線技士養成課程講習会」は、(一財)日本アマチュア無線振興協会（JARD）と株式会社キューシーキュー企画などが全国で実施しています。第4級標準コースと第3級短縮コース及びリモートで受講できるeラーニングがあり、講習を受講し修了試験（eラーニングはCBT方式の試験）に合格すると、国家試験免除でアマチュア無線技士の資格（第3級・第4級）を取得することができます。受講申込は、ホームページからすることができます。

(一財)日本アマチュア無線振興協会（JARD）　https://www.jard.or.jp/

株式会社キューシーキュー企画　https://www.qcq.co.jp/

アマチュア無線 Q & A

「アマチュア無線で、どんなことができますか？」「どんなことを楽しめますか？」
アマチュア無線を始めたい人のためのQ&Aです。

シロクマのノースです。ぼくは
4級アマチュア無線技士の資格
を持っているんだよ。無線局の
免許取得して一緒に楽しもう！

ペンギンのサウスです。ぼくは
3級アマチュア無線技士の資格
を持っています。アマチュア無
線の楽しみかたを教えてあげま
しょう！

Q1. アマチュア無線は、スマートフォンや携帯電話とどう違うの？

A1. スマートフォンや携帯電話は、通信事業会社の無線局を経由して無線で通
信します。その利用者は通信内容の制限を受けません。アマチュア無線は、
個人の無線局が相手の無線局と直接、無線で通信します。その通信内容は
個人的な趣味の通信に限られます。

Q2. アマチュア無線の資格にはどんな種類があるの？

A2. アマチュア無線技士の資格は、第1級アマチュア無線技士、第2級アマ
チュア無線技士、第3級アマチュア無線技士、第4級アマチュア無線技士
があります。アマチュアバンド(周波数滞)、空中電力、モールス符号で運
用できるかに違いがあります。

Q3. アマチュア無線はどうしてハムっていうの？

A3. 英語の大根役者という意味のhamからきたという説が有力です。初期の
アマチュア無線はモールス符号で通信をしていましたが、モールス符号を
打つのが下手で大根役者のようだというのが由来です。

Q4. アマチュア無線ができる場所は？

A4. アマチュア無線はどこでも交信できます。野外で気軽に運用できるハンディ機、自動車で移動しながら交信できるモービル機、キャンプや山などで運用するポータブル機、据え置き型で世界中と交信できる固定機など、用途にあった無線機を使えば、どんな場所でも誰とでも交信を楽しめます。

Q5. アマチュア無線の資格を取得しただけでは、無線機で交信はできない？

A5. アマチュア無線技士の試験を受験して合格すると、無線従事者免許証が交付されます。無線機で交信するには、アマチュア局を開設しなければなりません。無線従事者は、アマチュア局の免許を申請し、無線局免許状を取得してはじめて交信することができるようになります。

Q6. 交信コンテストって？

A6. 決められたの時間内にできるだけ多くの局と交信し得点を競う競技です。日本ではJARL 4大コンテストと呼ばれるJARL主催の大きなコンテストがあります。また、全世界規模のコンテストもあります。

Q7. アマチュア無線のクラブって？

A7. アマチュア無線のクラブは全国にあり、地域や学校、職場などの仲間によって結成されています。無線技術の研究、発表のほか、交信コンテストの参加、防災訓練に参加して無線運用するなどの活動をしています。

Q8. アマチュア無線が、震災や災害時に威力を発揮するって？

A8. 大規模災害時においては携帯電話や電話回線が使えなくなる可能性が高くなりますが、個人やクラブのアマチュア無線局は通信が可能です。自治体によっては、アマチュア無線の有効性に注目し、非常通信の協力を依頼しているところもあります。

Q9. QSLカードって？

A9. QSLカードは相手と交信したことを証明するもので、お互いに自分のQSLカードを送ります。世界共通の慣習で、写真やデザインが凝ったものが多く、QSLカードを集めるのもアマチュア無線の楽しみのひとつです。

Q10. アワードって？

A10. アマチュア無線で交信した地域や局数など一定の条件を満たすと発行される認定書のことです。各国のアマチュア無線団体やアマチュア無線のクラブ、新聞社や雑誌社が発行しています。アワードを集めるのもアマチュア無線の楽しみのひとつです。

Q11. コールサインって？

A11. アマチュア無線を開局すると与えられる無線局の呼出符号のことです。国際的な規則に基づいて割り当てられるので、自分の無線局のコールサインは世界にひとつだけです。

Q12. ドローンにアマチュア無線の免許が必要なのはなぜ？

A12. ドローンレースでは、リアルタイムに画像を転送するために5GHzの周波数帯が用いられます。この周波数帯を使用するには、4級アマチュア無線技士以上の資格及びアマチュア無線局免許が必要です。なお、アマチュア無線を使用したドローンを業務に利用することはできません。

お 役 立 ち リ ン ク 集

総務省	URL
総務省　電波利用ホームページ	https://www.tele.soumu.go.jp/
総務省　電波利用　電子申請・届出システム Life	https://www.denpa.soumu.go.jp/public2/index.html
総務省　電波関係法令集	https://www.tele.soumu.go.jp/horei/reiki_menu.html
総務省　総合通信局の管轄と所在地（お問い合わせ先）	https://www.tele.soumu.go.jp/j/sys/fees/other/commtab1/index.htm

無線従事者国家試験開催	URL
（公財）日本無線協会	https://www.nichimu.or.jp/

養成課程講習会開催	URL
（一財）日本アマチュア無線振興協会（JARD）	https://www.jard.or.jp/
株式会社キューシーキュー企画	https://www.qcq.co.jp/
NPO法人ラジオ少年	http://www.radioboy.org/

アマチュア無線関連団体等	URL
（一社）日本アマチュア無線連盟（JARL）	https://www.jarl.org/
TSS株式会社 保証事業部	http://tsscom.co.jp/tss/

出版社／ラジオ番組	URL
CQ出版株式会社（CQ ham radio）	https://ham.cqpub.co.jp/
電波社（HAM world）	http://www.rc-tech.co.jp/products/list.php?category_id=26&orderby=date

アマチュア無線情報系サイト	URL
hamlife.jp（ハムライフ・ドット・ジェーピー）	https://www.hamlife.jp/
月刊FBニュース（毎月1日・15日に更新）	https://www.fbnews.jp/index.html

コンテスト情報	URL
JARL Web コンテストページ	https://www.jarl.org/Japanese/1_Tanoshimo/1-1_Contest/Contest.htm

電離層状況／宇宙天気／衛星	URL
NICT 電離層概況	https://wdc.nict.go.jp/IONO/HP2009/iono_condition.html
情報通信研究機構宇宙天気予報センター	https://swc.nict.go.jp/
JAMSAT 日本アマチュア衛星通信協会	https://www.jamsat.or.jp/pred/

本書の使い方

　はじめて無線工学や電波法規を勉強する人でも理解しやすいように、メモとフォローアップで内容を補っています。また、各節のはじめの出題例とおわりのチェックは実際の試験で役立つ内容ですので、何度も繰り返し読んで覚えましょう。

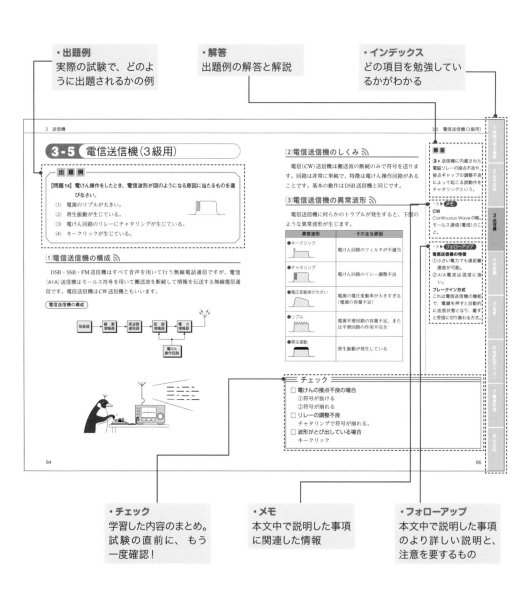

・出題例
実際の試験で、どのように出題されるかの例

・解答
出題例の解答と解説

・インデックス
どの項目を勉強しているかがわかる

・チェック
学習した内容のまとめ。試験の直前に、もう一度確認!

・メモ
本文中で説明した事項に関連した情報

・フォローアップ
本文中で説明した事項のより詳しい説明と、注意を要するもの

Part 1 無線工学

無線工学の基礎

1-1 電気の基礎知識

出 題 例

【問題1】 下の図に示す正弦波交流において、周期と振幅との組み合わせで、正しいものを選びなさい。

周期　　振幅
(1)　A ——— C
(2)　B ——— C
(3)　B ——— D
(4)　A ——— D

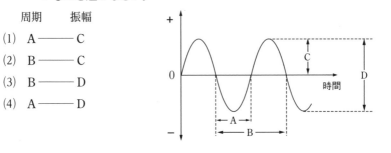

(1) 電気のしくみ

アマチュア無線で使用する無線機は電気によって動くので、電気の知識が必要になります。

1 電子と陽子

電球が光ったり、ラジオを聴いたり、電気による作用は身近に見ることができますが、電気そのものを見ることはできません。電気の正体とはどんなものでしょう。

電気の正体を知るためには、まず、物質の構造について知る必要があります。すべての物質は原子によって作られています。原子の構造を見ると中心に陽子と中性子でできている原子核があり、その周囲をいくつかの電子が一定の軌道を描いて回っています。

原子の構造

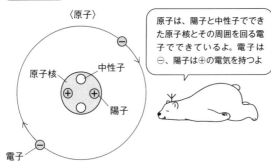

原子は、陽子と中性子でできた原子核とその周囲を回る電子でできているよ。電子は⊖、陽子は⊕の電気を持つよ

電子と陽子は等しい量の電気を持っていて、電子は⊖の電気、陽子は⊕の電気を持っています。また、中性子は電気を持っていない粒子です。

18

1 無線工学の基礎

2 電子回路

3 送信機

4 受信機

5 電源

6 電波伝搬とアンテナ

7 電波障害

8 測定器

❷ 電子のはたらき

原子核の周りを回っている電子のうち、最も外側の軌道を回っている電子は、原子核との結びつきが弱いため、軌道から離れて物質の内部を自由に動き回っています。このような電子を自由電子といいます。

原子の中には陽子⊕と電子⊖が同じ数あり、⊕と⊖の電気が打ち消し合っています。ここに外からエネルギーを加えると、電子⊖が外に飛び出し、原子の中の⊕と⊖のバランスが崩れ、原子は⊕の性質を持ちます。こうして⊕と⊖の電気ができます。

解答

(2) ▶ 周期は、プラスとマイナスに変化を繰り返す交流において、1回の繰り返しにかかる時間のこと。振幅は、正弦波交流電圧の最大値のことである。

（電気発生の原理）

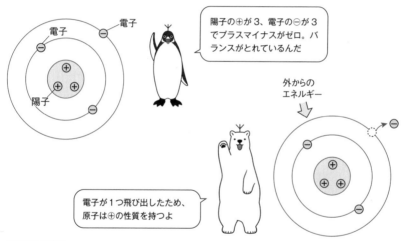

電子

電子

陽子

陽子の⊕が3、電子の⊖が3でプラスマイナスがゼロ。バランスがとれているんだ

外からのエネルギー

電子が1つ飛び出したため、原子は⊕の性質を持つよ

（電子の移動）

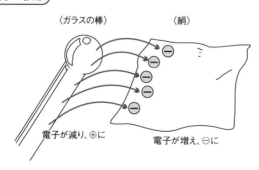

〈ガラスの棒〉　〈絹〉

電子が減り、⊕に

電子が増え、⊖に

ガラスの棒を絹でこすると、電子が移動し、ガラスの棒は⊕の電気を、絹は⊖の電気をおびるんだ

3 電流は電子の流れ

　⊕の電気をおびた物体と⊖の電気をおびた物体を導線でつなぎ合わせるとどうなるでしょうか。導線を通じて、⊖の電気をおびた物体から⊕の電気をおびた物体へと電子が移動します。この電子の流れを電流といいます。

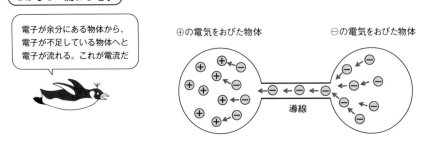

⊖から⊕へ流れる電子

電子が余分にある物体から、電子が不足している物体へと電子が流れる。これが電流だ

⊕の電気をおびた物体　　　　　　⊖の電気をおびた物体

導線

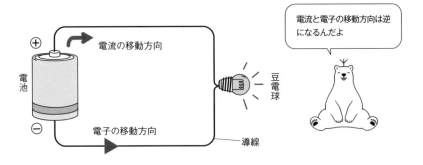

電流の方向と電子の移動方向

電流と電子の移動方向は逆になるんだよ

⊕

電池

電流の移動方向

豆電球

⊖

電子の移動方向

導線

　導線で電池に豆電球を接続すると、導線の中を電子が移動し、豆電球が点灯します。電子は⊖から⊕へと移動しますが、電流は⊕から⊖へ移動します。

1-1　電気の基礎知識

1 無線工学の基礎

2 電子回路

3 送信機

4 受信機

5 電源

6 電波伝搬とアンテナ

7 電波障害

8 測定器

４ 電流と電圧

　電流とは、電子の流れで、電流の大きさを表す単位はアンペア〔A〕、記号はIが用いられます。

　電流を流すには、力が必要になります。この力を電圧といいます。電流を水の流れに置き換えてみるとわかりやすくなります。水を流す圧力が水圧で、電流を流す圧力が電圧です。電池に豆電球を導線で接続したとき、電流が流れて豆電球が点灯します。このときの電圧は電池に表示されています。電圧の単位はボルト〔V〕、記号はEとVが用いられます。

▶▶▶ メモ

電流の方向は電子の移動方向と逆になる

電子が発見されるまでは、陽電気が電池の陽極⊕から外部の金属体を通って陰極⊖に達すると考えられ、この方向が電流の方向と決められていた。そのため、電流の方向は電子の移動方向とは互いに逆向きになる。

▶▶▶ メモ

電圧の記号のVは、電圧・電圧降下・電位差を表すときに用いられ、Eは起電力や電源の電圧を表すときに用いられます。

電圧は電流を流す圧力

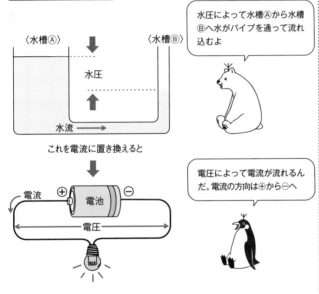

導線で電池に豆電球を接続した回路図

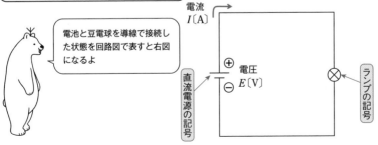

(2) 直流と交流 🔊

　ラジオなどの電子機器を使うときは、乾電池やコンセントから電気を得ます。どちらから電気を得ても同じように動作しますが、乾電池から得られる電気(直流)とコンセントから得られる電気(交流)は性質が異なる電気です。

1 直流の特徴

　直流(DC)とは、時間がたっても電圧や電流の大きさや向きが変わらない電気のことです。電池の電圧や電流は直流です。下図のように時間が経過しても電圧と電流の大きさと方向は変わりません。

〔 直流の電圧と電流の大きさと方向 〕

直流は電圧と電流の大きさと流れる方向が一定で、時間が経っても変わらないよ

2 交流の特徴

　交流(AC)は、下図のように時間の経過とともに電圧や電流の大きさや方向が変化する性質を持っています。家庭で使っている電灯線や工場などに供給されているものは正弦波交流といいます。正弦波交流のほかにひずみ波交流などがあります。

　交流は実効値で表され、実効値が100 Vの交流の電気は、直流の100 Vと同じはたらきをします。コンセントの電圧が100 Vの場合は、実効値が100 Vです。

〔 交流の電圧と電流の大きさと方向 〕

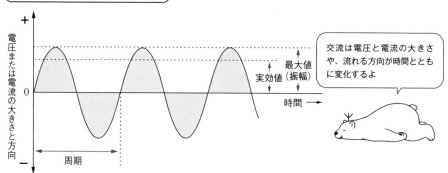

交流は電圧と電流の大きさや、流れる方向が時間とともに変化するよ

③ 実効値と最大値

実効値に対して、電圧や電流が最大になったときを最大値といいます。また最大値のことを振幅ともいいます。

正弦波交流では、最大値は実効値の約1.4倍です。家庭にきている電気は100 Vですが、これは実効値で表されていますので、最大値は約140 Vになります。

正弦波交流電圧の最大値をV_m〔V〕、実効値をV_e〔V〕とすると、次の関係式で表すことができます。

$$V_e = \frac{V_m}{\sqrt{2}} \fallingdotseq \frac{V_m}{1.4} \fallingdotseq 0.7 \times V_m$$

④ 周期と周波数

交流の繰り返しは周波数で表されます。周波数とは、周期(波形の1回の繰り返しに要する時間)が1秒間に何回あるかという値です。周波数の単位はヘルツ〔Hz〕、記号はfが用いられます。家庭にきている電気を例にとると、東日本地方では周波数は50 Hz、西日本地方では60 Hzとなっています。

周波数をf、周期をTとすると、次の関係式で表すことができます。

$$f\ \text{〔Hz〕} = \frac{1}{T\ \text{〔秒〕}}$$

周波数が約10 kHz以上の交流を高周波といいます。周波数が約20 Hzから約20 kHzまでの交流は、低周波・可聴周波または音声周波といいます。

▶▶▶ **メモ**

ルート(平方根)
同じ数を掛けるとxになる数を$\sqrt{x}$で表す。
$$\sqrt{x} \times \sqrt{x} = x$$
$$\sqrt{2} \times \sqrt{2} \fallingdotseq 1.4 \times 1.4 \fallingdotseq 2$$

▶▶▶ **メモ**

正弦波交流とひずみ波交流
規則的な波の正弦波交流に対し、ひずんだ波をひずみ波交流という。

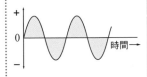
規則的な波の正弦波

ひずんだ波のひずみ波

交流の周期

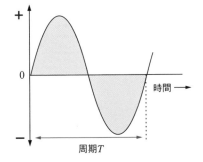

家庭にきている電気の周期は、周波数が50 Hzの場合、
$$T = \frac{1}{f} = \frac{1}{50} = 0.02\ \text{〔秒〕}$$

周期T

(3) 導体・絶縁体・半導体 📶

　電気の通りやすさにより、物質は導体と絶縁体に分類することができます。また、導体と絶縁体の中間の通りやすさを持つ半導体もあります。

1 導　体

　導体とは電気をよく通す性質を持った物質のことをいいます。例をあげると、金・銀・銅・ニッケル・アルミニウムなどの金属です。

電気をよく通す導体

導体の鉄くぎが電気を通すので、電流が流れ、豆電球が点灯するよ

2 絶縁体

　絶縁体とは、電気を通しにくい性質を持った物質のことをいいます。例をあげると、ビニル・雲母・陶磁器・油・空気などです。電気のコードは、電気を通す銅線とそれを覆うビニルにより、導体と絶縁体を使い分けて作られています。

電気を通さない絶縁体

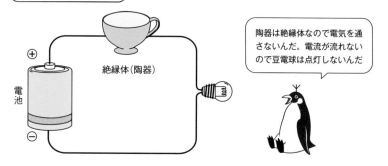

陶器は絶縁体なので電気を通さないんだ。電流が流れないので豆電球は点灯しないんだ

1 無線工学の基礎

2 電子回路

3 送信機

4 受信機

5 電源

6 電波伝搬とアンテナ

7 電波障害

8 測定器

3 半導体

半導体とは導体と絶縁体の中間の電気の通りやすさを持つ物質のことで、ゲルマニウム・シリコンがあります。半導体はトランジスタやダイオードといった半導体部品を作るのに用いられます。導体は温度が上昇すると抵抗値が上昇しますが、半導体は温度が上昇すると抵抗値が減少します。

温度変化と抵抗値

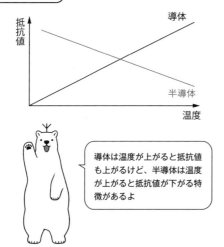

導体は温度が上がると抵抗値も上がるけど、半導体は温度が上がると抵抗値が下がる特徴があるよ

▶▶▶ メモ

単位に用いられる接頭語

10,000 Hzと表す代わりに10 kHzと表す。kは1,000（＝10^3）倍を表す。同じように1,000分の1を表す場合はmを用いる。

単位10の整数倍の接頭語

倍数	名称	記号
10^{12}	テラ	T
10^9	ギガ	G
10^6	メガ	M
10^3	キロ	k
10^{-3}	ミリ	m
10^{-6}	マイクロ	μ
10^{-9}	ナノ	n
10^{-12}	ピコ	p

電気コードにおける導体と絶縁体

銅線は導体なので電気を通すが、銅線を覆っているビニルは絶縁体なので電気を通さない。

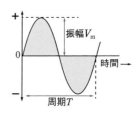

=チェック=

□ 電流・電圧の単位

電流の単位は A（アンペア）、電圧の単位は V（ボルト）。

□ 交流の実効値 V_e〔V〕と最大値（振幅）V_m〔V〕の関係

$V_e \fallingdotseq 0.7 \times V_m$

□ 周波数と周期

周波数の単位は Hz（ヘルツ）。周波数 f と周期 T の関係は、$f = \dfrac{1}{T}$ で表すことができる。

振幅 V_m

時間→

周期 T

1-2 電気と磁気

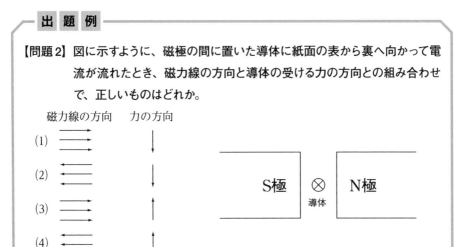

出題例

【問題2】図に示すように、磁極の間に置いた導体に紙面の表から裏へ向かって電流が流れたとき、磁力線の方向と導体の受ける力の方向との組み合わせで、正しいものはどれか。

(1) 電気力線と磁力線 🔊

電気と磁気は、電子の持っている性質の1つで、互いにとても深く関わっています。アマチュア無線で使われる電波は、電気と磁気の作用によるものです。

■ 静電気と静電誘導

冬の空気が乾燥しているとき、セーターなどの衣類を脱ぐとパチパチと音がしたり、下敷きを衣類でこすって髪に近づけると髪の毛が引きつけられたりという経験があると思います。このように、物体を摩擦すると発生する電気を静電気といいます。

静電気が発生したとき、衣類や下敷きは電気をおびています。これを帯電といい、帯電した電気を電荷と呼びます。電荷の単位はクーロン[C]で表します。帯電しているものを帯電していないものに近づけると、帯電していないものは帯電しているものに引きつけられます。このとき、物体の中では電荷の移動が起こっているのです。

たとえば、⊖に帯電した物体を帯電していない導体に近づけると、導体の中では⊕の電荷が帯電した物体の⊖に引きつけられ、導体の中の⊖の電荷は反発して逆方向へ集まります。この現象を静電誘導といいます。

1-2　電気と磁気

1 無線工学の基礎

2 電子回路

3 送信機

4 受信機

5 電源

6 電波伝搬とアンテナ

7 電波障害

8 測定器

静電誘導

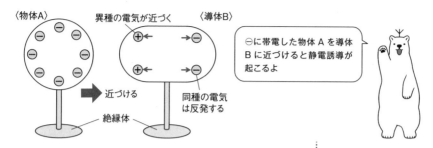

〈物体A〉　　異種の電気が近づく　〈導体B〉

近づける

同種の電気は反発する

絶縁体

⊖に帯電した物体 A を導体 B に近づけると静電誘導が起こるよ

2 電界と電気力線

　帯電した物体の周りには力がはたらきます。同じ種類の電荷は互いに反発し合い、異なる種類の電荷は互いに引き合います。このように電気の力が作用している場所を電界といい、電界のようすを表す仮想な線を電気力線といいます。

　電気力線では、⊕の電荷は外側へ、⊖の電荷は内側へ向かいます。

電気力線の向き

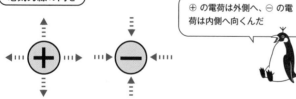

⊕ の電荷は外側へ、⊖ の電荷は内側へ向くんだ

電荷にはたらく力の方向

異なる種類の電荷の電気力線は⊕から⊖へ向かうため、物体は引きつけられるんだ

同じ種類の電荷には反発する力がはたらくよ

3 磁気の性質

磁石にはN極とS極があります。同じ極同士は互いに反発し合い、異なる極は互いに引き合う性質があります。

磁気をおびた物体(磁石)を鉄などに近づけると静電誘導によく似た作用が起こります。N極を鉄に近づけると鉄は磁化され、磁石に近い部分がS極となり、逆の方向がN極になります。これを磁気誘導といいます。

磁気誘導

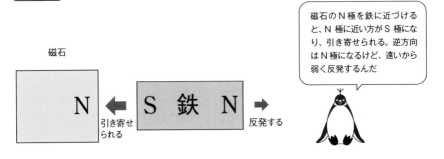

磁石

N ← S 鉄 N →

引き寄せられる　　反発する

磁石のN極を鉄に近づけると、N極に近い方がS極になり、引き寄せられる。逆方向はN極になるけど、遠いから弱く反発するんだ

4 磁界と磁力線

電界と同じように、磁気の力が作用している場所を磁界といい、磁界のようすを表す仮想な線を磁力線といいます。磁力線はN極からS極へ向かいます。同じ極の磁力線は反発する方向へ向かいます。

磁石にはたらく力の方向

N → S

異なる極の磁力線はN極からS極へ向かい、磁石は引きつけられる。

N　N

同じ極の磁石には反発する力がはたらく。

N極を⊕、S極を⊖に置き換えると、「電荷のはたらく力の方向」と同じだね

1
無線工学の基礎

2
電子回路

3
送信機

4
受信機

5
電源

6
電波伝搬とアンテナ

7
電波障害

8
測定器

(2) 電気と磁気 📶

　電気と磁気は相互に作用して、電気で磁気を発生させたり、磁気で電気を発生させたりすることができます。

1 電流の磁気作用

　導体(導線)に電流を流すと、導体の周りに右ねじを回す方向に回転する磁力線が発生します。このように電流を流すと磁気が発生することを、電流の磁気作用といいます。また、この状態を表す法則を右ねじの法則、またはアンペアの法則といいます。

電流の磁気作用と右ねじの法則

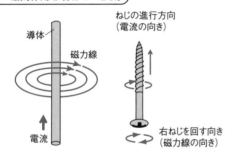

　また、コイル(導線を巻いたもの)に電流を流した場合にも、右ねじの法則が当てはまります。右ねじを回す方向が電流の向きになり、ねじの進行方向が磁力線の向きになります。

コイルの場合の電流の磁気作用

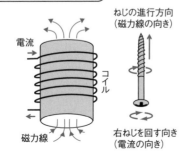

▶▶▶ メモ

磁性体
強い磁気誘導を生じる物質は鉄やニッケルなどで、これを強磁性体という。弱い磁気誘導を生じる物質は常磁性体といい、アルミニウムなどがある。逆向きに弱い磁気誘導を生じる物質は反磁性体といい、銅などがある。

▶▶▶ メモ

磁力線を見る方法
磁石を使って砂場から砂鉄を集める。集めた砂鉄を白い紙の上に広げ、紙の下から磁石を近づけると、磁石の力で模様ができる。この模様が磁力線を表している。

2 電磁誘導

電磁誘導とは、磁気によって電気を起こすことをいいます。磁界の中をコイルが横切ったり、コイルの中を磁界が横切ったときに起こります。また、磁界中で導体を移動させたり、磁界の向きが変化したときにも同じような現象が起こります。このときに流れる電流を誘導電流、生じた起電力を誘導起電力といいます。

電磁誘導が起こる例

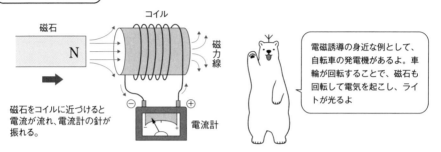

磁石をコイルに近づけると電流が流れ、電流計の針が振れる。

電磁誘導の身近な例として、自転車の発電機があるよ。車輪が回転することで、磁石も回転して電気を起こし、ライトが光るよ

3 フレミングの左手の法則

磁界の中に電流が流れている導線を置くと、導線に力がはたらきます。この力は、もとの磁界と電流の流れている導線によって発生した磁界によって発生し、反発や引き合いが起こります。このときの磁力線・電流・力の3つの方向を左手の指で表したものが、フレミングの左手の法則です。

左手の親指・人さし指・中指をそれぞれ直角になるように開きます。人さし指を磁力線、中指を電流の向きに合わせると、親指が力の向きになります。

フレミングの左手の法則

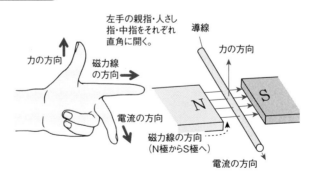

1 無線工学の基礎

2 電子回路

3 送信機

4 受信機

5 電源

6 電波伝搬とアンテナ

7 電波障害

8 測定器

4 電磁石

　電磁石とは、コイルに電流を流して磁石にしたものをいいます。コイルに電流を流すと磁力線が発生します。これを利用すると、1つの棒磁石として取り扱うことができます。電磁石はスピーカ・発電機・モータなどに用いられています。

電磁石

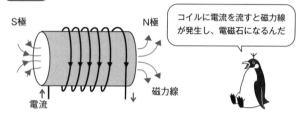

> コイルに電流を流すと磁力線が発生し、電磁石になるんだ

　電磁石の磁極の方向を知るには、右手の親指を外側に向け、残りの指を折り曲げて電流の方向に合わせることでN極（親指）がわかります。

電磁石の磁極の方向を知る方法①

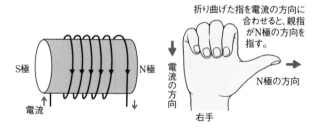

折り曲げた指を電流の方向に合わせると、親指がN極の方向を指す。

電磁石の磁極の方向を知る方法②

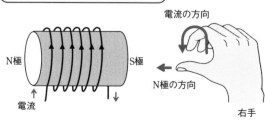

> コイルの巻き方が逆の場合でも折り曲げた指を電流の方向と同じにすれば親指がN極を指すよ

▶▶▶ **メモ**

ジョン・アンブローズ・フレミング

イギリスの電気工学者（1849〜1945）。1885年に左手の法則を発見した。1904年の二極真空管の発明でも有名。

▶▶▶ **メモ**

電磁石には鉄心が入っている

鉄は磁気をよく通す性質を持っていて、電磁石の中に鉄心を入れると磁力が強力になる。このため、電磁石には必ずといってよいほど鉄心が入っている。

5　シールド

　電気力線・磁力線による影響を防止する方法をシールドといいます。電気力線を遮るのが静電シールド、磁力線を遮るのが磁気シールドです。また、電磁シールドは、導線に高周波の交流電流を流したときに発生する電磁誘導や電磁波（電波）を遮ります。ここでは、静電シールドの例を取り上げます。

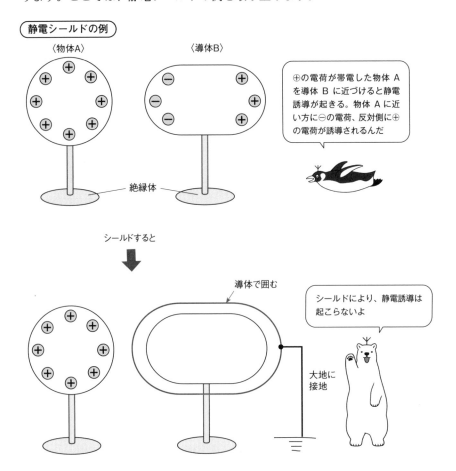

静電シールドの例

〈物体A〉　　　〈導体B〉

⊕の電荷が帯電した物体 A を導体 B に近づけると静電誘導が起きる。物体 A に近い方に⊖の電荷、反対側に⊕の電荷が誘導されるんだ

絶縁体

シールドすると

導体で囲む

シールドにより、静電誘導は起こらないよ

大地に接地

1-2 電気と磁気

1 無線工学の基礎

2 電子回路

3 送信機

4 受信機

5 電源

6 電波伝搬とアンテナ

7 電波障害

8 測定器

≡ チェック ≡

□ 静電気

物体を摩擦すると発生する電気をいう。

□ 静電誘導

帯電した物体を帯電していない導体に近づけると、帯電していない導体の中で電荷の移動が起こる。

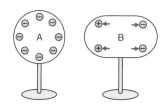

⊖に帯電した物体Aを導体Bに近づけると、静電誘導が起こり導体Bの中では電荷の移動が起こる。

□ 電気力線

電界のようすを表す仮想な線を電気力線という。

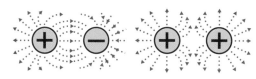

異なる種類の電荷は引き合い、同じ種類の電荷は反発する。

□ 磁気誘導

磁石のN極を鉄に近づけると鉄は磁化され、磁石に近い部分がS極となり、逆の方向がN極になる。

□ 磁力線

磁界のようすを表す仮想な線を磁力線という。

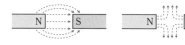

異なる極の磁石は引き合い、同じ極の磁石は反発する。

□ 右ねじの法則

電流の磁気作用を表す法則。

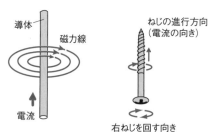

導体に電流を流すと、導体の周りに右ねじを回す方向に回転する磁力線が発生する。これが電流の磁気作用。

1-3　電気回路

【問題3】　コイル及びコンデンサのリアクタンスと周波数との比例関係を示した組み合わせのうち、正しいものを選びなさい。

	コイルのリアクタンスと周波数	コンデンサのリアクタンスと周波数
(1)	正比例	正比例
(2)	反比例	正比例
(3)	正比例	反比例
(4)	反比例	反比例

(1) 抵抗とオームの法則 🔊

　オームの法則は、電気の最も基本となる法則です。オームの法則は、電圧・電流・抵抗の関係を表す法則です。

■ 抵抗

　抵抗とは、電流の流れにくさを表すものです。抵抗が小さいと電流は流れやすく、抵抗が大きいと電流は流れにくくなります。導線で電池と豆電球をつないで豆電球を光らせた場合、抵抗は豆電球の光っている部分（フィラメント）にあります。抵抗の単位はオーム〔Ω〕、記号は R を用います。

電流の流れにくさを表す抵抗

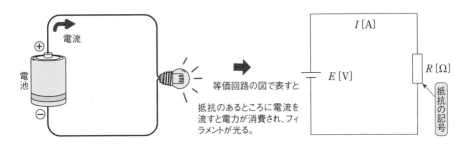

電流

電池

➕

➖

等価回路の図で表すと

抵抗のあるところに電流を流すと電力が消費され、フィラメントが光る。

I〔A〕

E〔V〕

R〔Ω〕

抵抗の記号

1-3 電気回路

1 無線工学の基礎
2 電子回路
3 送信機
4 受信機
5 電源
6 電波伝搬とアンテナ
7 電波障害
8 測定器

2 オームの法則

オームの法則は、電圧・電流・抵抗の関係を表したものです。回路に流れる電流は電圧に比例し、抵抗に反比例します。たとえば、抵抗が一定だとすると、電圧を2倍にすると電流も2倍になります。式に表すと、

$$電流\,(I) = \frac{電圧\,(E)}{抵抗\,(R)} \quad または、$$

$$電圧\,(E) = 抵抗\,(R) \times 電流\,(I) \quad または、$$

$$抵抗\,(R) = \frac{電圧\,(E)}{電流\,(I)}$$

となります。

電圧・電流・抵抗のうちの2つがわかれば、オームの法則を使ってもう1つの値を計算で求めることができます。たとえば、前ページの回路図において、電池の電圧 E が 1.5 V、電流 I が 0.3 A だとすると、

$$R = \frac{E}{I} = \frac{1.5}{0.3} = 5 \ [\Omega]$$

と抵抗の値を求めることができます。

(2) 電力

電気はエネルギーの1つとして広く利用され、私たちの生活に欠くことのできないものです。その電気が仕事をした量を表すのが電力です。

1 電力とは電気の行う仕事の量

抵抗に電流を流すと熱が発生します。また、モータに電流を流すと力が発生します。このように電気がした仕事の量を表すのが電力です。単位はワット〔W〕、記号は P を用います。電力 P 〔W〕は、

$$電力(P) = 電圧(E) \times 電流(I)$$

の式で求めることができます。

解答

(3) ▶ コイルのインダクタンスを L、周波数を f とすると、コイルのリアクタンス X_L は $X_L = 2\pi f L$ で表され、周波数に比例する。コンデンサの静電容量を C とすると、コンデンサのリアクタンス X_C は、$X_C = \dfrac{1}{2\pi f C}$ で表され、周波数に反比例する。

▶▶▶ メモ

ゲオルグ・ジーモン・オーム

ドイツの物理学者(1789～1854)。1827年にオームの法則を発見した。

▶▶▶ メモ

電力の求め方

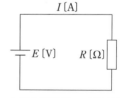

上記の回路図で、電圧が 1.5 V、電流が 0.3 A だとすると、電力 P は、

$$P = EI$$
$$= 1.5 \times 0.3$$
$$= 0.45 \ [W]$$

となる。

この式は、オームの法則を使うと、

$$E = RI$$
$$\therefore\ P = EI = (RI)\,I = RI^2$$
$$P = EI = E\left(\frac{E}{R}\right) = \frac{E^2}{R}$$

と表すこともできます。

(3) 抵抗器・コンデンサ・コイル 📶

アマチュア無線で使う無線機は、さまざまな部品で組み立てられています。この部品を大別すると増幅作用を持っているものと持っていないものになります。トランジスタやFETが増幅作用を持つ部品です。抵抗器・コンデンサ・コイルは、増幅作用を持たない部品です。

1 抵抗器

電流を流れにくくするはたらきをする電子部品を抵抗器といいます。抵抗器には抵抗値が一定の固定抵抗器と、抵抗値をある範囲内で変えることができる可変抵抗器があります。ラジオの音量調節(ボリューム)は可変抵抗器の抵抗値を変えているのです。抵抗器を直列または並列に接続すると別の値の抵抗値を得ることができます。同じ値の抵抗器を2つ直列接続すると合成値は2倍に、並列接続すると1/2倍になります。

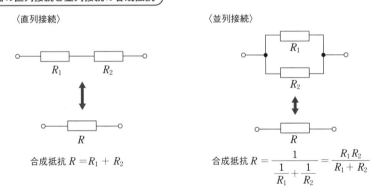

抵抗器の直列接続と並列接続の合成抵抗

〈直列接続〉

R_1　R_2

R

合成抵抗 $R = R_1 + R_2$

〈並列接続〉

R_1

R_2

R

合成抵抗 $R = \dfrac{1}{\dfrac{1}{R_1} + \dfrac{1}{R_2}} = \dfrac{R_1 R_2}{R_1 + R_2}$

2 コンデンサ

コンデンサは電気を蓄える電子部品で、2枚の金属板を狭い間隔で向かい合わせ、その間に空気・紙・プラスチックなどの絶縁体を挿入したものです。

1-3 電気回路

1 無線工学の基礎
2 電子回路
3 送信機
4 受信機
5 電源
6 電波伝搬とアンテナ
7 電波障害
8 測定器

コンデンサがどのくらい電気を蓄えられるかの能力を示す値を静電容量（キャパシタンス）といい、単位はファラド〔F〕、記号はCを用います。コンデンサの極板（2枚の金属板）はそれぞれ絶縁されているので、極板間に直流電流は流れませんが、電源をつないだ瞬間には電流が流れ込みます。これを充電電流といい、コンデンサの内部に電荷が蓄えられるときに流れます。

コンデンサのしくみ

コンデンサに直流電圧を加えると、両極板に⊕と⊖の電荷が蓄えられるよ

3 コンデンサの直列・並列接続

抵抗器の場合と同じように、コンデンサを直列または並列に接続すると、別の値の静電容量を得ることができます。同じ値のコンデンサ2つを直列接続すると合成値は1/2倍に、並列接続すると2倍になります。

コンデンサの直列接続と並列接続の合成容量

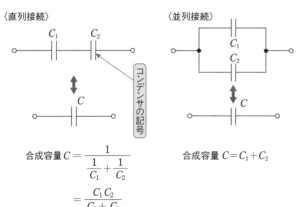

〈直列接続〉

合成容量 $C = \dfrac{1}{\dfrac{1}{C_1}+\dfrac{1}{C_2}}$

$= \dfrac{C_1 C_2}{C_1+C_2}$

〈並列接続〉

合成容量 $C = C_1 + C_2$

▶▶▶ メモ

コンデンサの種類
コンデンサは絶縁体の種類により、いろいろなものがある。空気で絶縁した空気コンデンサ、マイカ板を用いたマイカコンデンサ、紙を用いたチューブラコンデンサ、磁器を用いた磁器コンデンサ、極板を電解酸化処理した電解コンデンサなどがあり、電子回路により使い分ける。
また、コンデンサには、値の決まったもののほかに、値を変えることができる可変コンデンサ（バリコン）もある。ラジオや受信機の周波数ダイヤルなどに使われている。

4 コンデンサの容量性リアクタンス

コンデンサに直流を加えた場合には電気が蓄えられ、その後は電流は流れません。では、交流を加えた場合はどうなるでしょうか。この場合、交流電源の電圧・周波数・コンデンサの静電容量で決まる電流が流れます。これは、コンデンサが交流の電流を流れにくくしているためです。これを**容量性リアクタンス**といい、**単位は抵抗と同じオーム**〔Ω〕、**記号は**X_Cを用います。

5 容量性リアクタンスの求め方

回路内の交流電源の周波数をfとすると、コンデンサの容量性リアクタンスX_Cは

$$X_C = \frac{1}{2\pi fC}$$ で表すことができます。

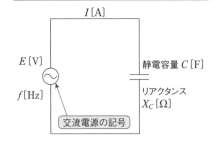

コンデンサの容量性リアクタンスの求め方

I〔A〕

E〔V〕

f〔Hz〕

交流電源の記号

静電容量 C〔F〕

リアクタンス X_C〔Ω〕

周波数が 50〔Hz〕、静電容量が 10〔μF〕とすると、静電容量の単位〔F〕にそろえるため、10〔μF〕= 10×10^{-6}〔F〕となり、

$$X_C = \frac{1}{2 \times 3.14 \times 50 \times 10 \times 10^{-6}}$$

$$\fallingdotseq 318〔Ω〕$$

となる。

6 コイル

コイルは導線をらせん状に巻いたものです。コイルを直流電源につなぐと電磁石になり、磁力線が発生します。この磁力線はコイル内も通過しているので、磁力線に変化が起こると加えた電流を妨げるように逆方向に電圧が発生します。これを**逆起電力**といい、逆起電力が発生する現象を**自己誘導作用**といいます。ある短い時間(Δt〔秒〕)に電流を変化(Δi〔A〕)させたときに発生する起電力eは、 $e = L\dfrac{\Delta i}{\Delta t}$〔V〕となりま

コイルの自己誘導作用

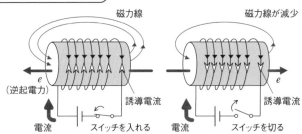

磁力線

磁力線が減少

e
(逆起電力)

誘導電流

電流　スイッチを入れる

誘導電流

電流　スイッチを切る

e

スイッチを入れ、コイルに電流が流れると磁力線が生じ、逆起電力が生じて電流の流れを妨げる。スイッチを切ると磁力線が減少し、逆起電力が生じて電流が流れる。

1 無線工学の基礎

2 電子回路

3 送信機

4 受信機

5 電源

6 電波伝搬とアンテナ

7 電波障害

8 測定器

す。Lは自己インダクタンスといわれるもので、コイルの巻数や形状、コイルの鉄心の透磁率などによって決まり、単位はヘンリー〔H〕で表します。

◾ コイルの誘導性リアクタンス

コイルに交流電圧を加えると、コイルの自己誘導作用で交流電流が流れるのを妨げる作用が起こります。これが誘導性リアクタンスで、単位は抵抗と同じオーム〔Ω〕、記号はX_Lが用いられます。式で表すと $X_L = 2\pi fL$ となります。

〔 コイルの誘導性リアクタンス 〕

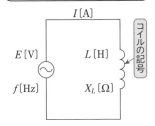

左の回路図で、周波数fが50 Hz、インダクタンスLが10 Hとすると誘導性リアクタンスX_Lは、
$$X_L = 2\pi fL$$
$$= 2 \times 3.14 \times 50 \times 10$$
$$= 3,140 〔\Omega〕$$
となる。

◾ コイルの相互インダクタンス

コイルには自己誘導作用がありますが、ほかに相互誘導作用もあります。2つのコイルを接近させて置き、一方のコイルL_1に電流を流すと磁力線が生じます。流れる電流を変化させると周囲の磁力線も変化し、磁力線の影響を受けたもう一方のコイルL_2は起電力を生じます。これを相互誘導作用といいます。コイルL_1の電流の変化がコイルL_2に影響を与える度合いを相互インダクタンスといい、単位はヘンリー〔H〕、記号はMを用います。

〔 コイルの相互誘導作用 〕

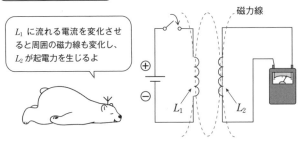

L_1 に流れる電流を変化させると周囲の磁力線も変化し、L_2 が起電力を生じるよ

磁力線

L_1 L_2

▶▶▶ フォローアップ

コイルの直列・並列接続

コイルの場合にも抵抗器やコンデンサと同様に直列接続や並列接続があるが、コイル同士が相互誘導作用を持っているときは、その値も計算に入れなければならない。

▶▶▶ フォローアップ

相互誘導作用による起電力

2つのコイルL_1とL_2を接近させて置きL_1に電流を流す。ある時間（Δt〔秒〕）で電流を（Δi〔A〕）変化させたとき、コイルL_2に発生する起電力eは、
$$e = M\frac{\Delta i}{\Delta t} \quad 〔V〕となる。$$

(4) 共振回路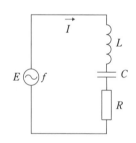

コンデンサとコイルを組み合わせた回路を共振回路といいます。共振回路の特性を利用したものには受信機の周波数同調回路などがあります。

■ 共振回路の性質

共振回路に流れる交流電流が最大あるいは最小になる現象を共振といい、このときの交流の周波数を共振周波数といいます。また、コンデンサ・コイル・抵抗器を接続したものが交流に対して示す電流を妨げる値のことをインピーダンスといい、単位はオーム〔Ω〕、記号はZを用います。

電源の周波数を変化させ、周波数が$f = \dfrac{1}{2\pi\sqrt{LC}}$の関係にあるとき、直列共振回路では電流が最大、インピーダンスが最小になり、並列共振回路では電流が最小、インピーダンスが最大になります。

直列共振回路

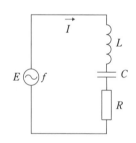
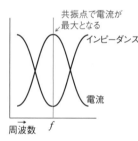

周波数が$f = \dfrac{1}{2\pi\sqrt{LC}}$の関係にあるとき、直列共振回路では電流が最大、インピーダンスが最小になるよ

並列共振回路

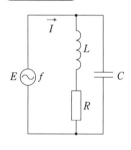
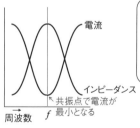

周波数が$f = \dfrac{1}{2\pi\sqrt{LC}}$の関係にあるとき、並列共振回路では電流が最小、インピーダンスが最大になるんだ

補足●共振回路は次のようなフィルタとして用いられる。
・帯域フィルタ（BPF）… 特定の帯域幅の周波数を通過させる。
・低域フィルタ（LPF）… 特定の周波数より低い周波数を通過させる。
・高域フィルタ（HPF）… 特定の周波数より高い周波数を通過させる。

1 無線工学の基礎
2 電子回路
3 送信機
4 受信機
5 電源
6 電波伝搬とアンテナ
7 電波障害
8 測定器

═ チェック ═

□ 抵抗

抵抗は電流の流れにくさを表す。単位はオーム〔Ω〕、記号は R を用いる。

□ オームの法則

回路に流れる電流は電圧に比例し、抵抗に反比例する。

$$電流 (I) = \frac{電圧 (E)}{抵抗 (R)}、電圧 (E) = 抵抗 (R) \times 電流 (I)、抵抗 (R) = \frac{電圧 (E)}{電流 (I)}$$

□ 電力

単位はワット〔W〕、記号は P を用いる。　電力(P)＝電圧(E)×電流(I)

□ コンデンサ

電気を蓄える電子部品。電気を
蓄える能力を示す値を静電容量
という。単位はファラド〔F〕、
記号は C を用いる。

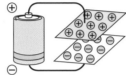

コンデンサに直流電
圧を加えると両極板に
⊕と⊖の電荷が蓄え
られる。

□ コンデンサの容量性リアクタンス

コンデンサに交流を加えると、コンデンサが交流の電流を妨げる。単位はオーム〔Ω〕、記号は X_C を用いる。周波数を f とすると、X_C は次の式で表される。

$$X_C = \frac{1}{2\pi fC}$$

□ コイルの自己誘導作用

コイルに電流を流したとき、
電流の流れを妨げようとす
る逆起電力を生じる作用。

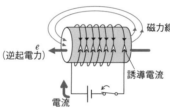

磁力線

e
（逆起電力）

誘導電流

電流

スイッチを入れ、コイ
ルに電流が流れると
磁力線が生じ、逆起
電力ができて電流の
流れを妨げる。

□ コイルの誘導性リアクタンス

コイルに交流を加えると、コイルが交流電流を妨げる。単位はオーム〔Ω〕、記号は X_L を用いる。周波数を f とすると、$X_L = 2\pi fL$ の式で表される。

□ コイルの相互誘導作用

2つのコイル間で、一方のコイルに電流を流すと磁力線が生じ、もう一方の
コイルに起電力が生じる。

□ 共振回路

コンデンサとコイ
ルを組み合わせた
回路。回路に流
れる電流が最大ま
たは最小になる現
象を共振という。

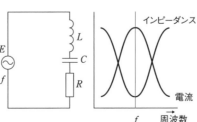

インピーダンス

電流

周波数

周波数 f が
$$f = \frac{1}{2\pi\sqrt{LC}}$$ のとき、

直列共振回路では電流が
最大、インピーダンスが
最小になる。

1-4　半導体部品

出題例

【問題4】下の図に示す電界効果トランジスタ（FET）の図記号において、電極 a の名称として正しいものはどれか。

(1)　ゲート　　(2)　ドレイン
(3)　ベース　　(4)　ソース

(1) 半導体部品 🔊

　半導体によって作られるトランジスタやFETは増幅作用を持っており、電子装置に用いられる電子回路の主役です。

■ N形半導体とP形半導体

　ダイオードやトランジスタ、FETといった半導体部品は、真性半導体という純粋な半導体のゲルマニウムやシリコンから作られます。真性半導体にヒ素やアンチモンなどを少量混ぜたものをN形半導体といいます。P形半導体は、真性半導体にインジウムやガリウムなどを混ぜたものです。N形半導体の電気伝導は自由電子によって行われ、P形半導体の電気伝導はホール（正孔）と呼ばれるプラスの電気によって行われます。

N形半導体・P形半導体の構造と電気伝導

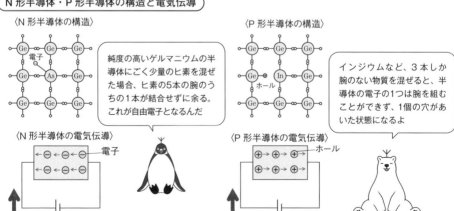

〈N形半導体の構造〉

純度の高いゲルマニウムの半導体にごく少量のヒ素を混ぜた場合、ヒ素の5本の腕のうちの1本が結合せずに余る。これが自由電子となるんだ

〈P形半導体の構造〉

インジウムなど、3本しか腕のない物質を混ぜると、半導体の電子の1つは腕を組むことができず、1個の穴があいた状態になるよ

〈N形半導体の電気伝導〉　電子

〈P形半導体の電気伝導〉　ホール

電流

電流

N形半導体の電気伝導は自由電子、P形半導体の電気伝導はホールによって行われる。

1-4　半導体部品

1 無線工学の基礎

2 電子回路

3 送信機

4 受信機

5 電源

6 電波伝搬とアンテナ

7 電波障害

8 測定器

2 ダイオード

　ダイオードはトランジスタやFETと違い増幅作用を持っていませんが、整流作用を持つので電子機器によく使われる半導体部品です。

　ダイオードはP形半導体とN形半導体を接合したもので、電流を一方向にしか流さないという性質を持っています。この性質は、交流から直流を得る電源装置の整流回路や受信機の検波回路に利用されています。

ダイオードの構造

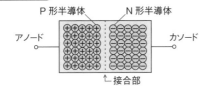

P形半導体　　N形半導体
アノード　　　　　　　　　カソード
接合部

　ダイオードに直流電圧を加えると、N形半導体の中の電子はP形半導体に向かって流れ、P形半導体の中のホールはN形半導体に向かって流れます。このような電流がよく流れる電圧の加え方を順方向電圧といいます。また、電池の接続を逆にした場合には、P形半導体の中のホールはアノード側に引きつけられ、N形半導体の中の電子はカソード側に引きつけられるので、電子やホールの動きがなくなり、電流は流れません。このような電圧の加え方を逆方向電圧といいます。

順方向電圧と逆方向電圧

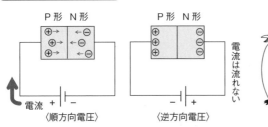

P形　N形　　　　　P形　N形

電流は流れない

電流　＋　－
〈順方向電圧〉　　　　〈逆方向電圧〉

解答

(1)▶ベースはトランジスタの端子名。問題の図はPチャネル接合形FETの図記号。下図はNチャネル接合形FET。

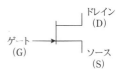

ドレイン
(D)
ゲート
(G)
ソース
(S)

▶▶▶ メモ

ダイオードの種類

ダイオードには、定電圧回路に使われる定電圧ダイオード(ツェナーダイオード)、バリコンの替わりに使われる可変容量ダイオード(バリキャップダイオード)、発光ダイオードなどの種類がある。

▶▶▶ メモ

ダイオードの図記号

A　　　　　　　K

電流の向きはアノード(A)からカソード(K)へ。

左図のようにダイオードに直流電圧を加えると電流がよく流れる。これを順方向電圧というんだ。電池の接続を逆にすると電子やホールの動きがなくなり、電流は流れない。これを逆方向電圧というんだ

③ トランジスタ

トランジスタには2つのタイプがあります。N形半導体の間に極めて薄いP形半導体を接合したものをNPN形トランジスタ、P形半導体の間に極めて薄いN形半導体を接合したものをPNP形トランジスタといいます。

トランジスタには、ベース(B)・コレクタ(C)・エミッタ(E)の3つの端子があります。この電極のうち、エミッタとベースの間を流れる電流をわずかに変化させると、エミッタとコレクタの間を流れる電流を変化させることができます。これを増幅作用といい、増幅器や発振器などに用いられます。

トランジスタの構造

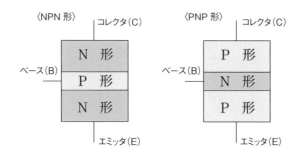

トランジスタの図記号

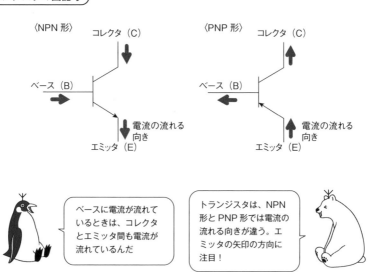

1-4 半導体部品

1 無線工学の基礎
2 電子回路
3 送信機
4 受信機
5 電源
6 電波伝搬とアンテナ
7 電波障害
8 測定器

4 電界効果トランジスタ（FET）

　FETもN形半導体とP形半導体でできている半導体部品の1つです。N形半導体で構成されたチャネル（電流の通路）にP形半導体のゲートを接合したものを**Nチャネル接合形FET**、P形半導体をチャネルに使ってN形半導体のゲートを接合したものを**Pチャネル接合形FET**といいます。

　FETには、ドレイン（D）・ゲート（G）・ソース（S）の3つの端子があります。この電極のうち、ソースとゲートの間の電圧をわずかに変化させると、ソースとドレインの間を流れる電流を大きく変化させることができます。この増幅作用を利用し、増幅器や発振器に用います。

　FETにはこのほか、高周波増幅に適したMOS形FETもあります。

▶▶▶ フォローアップ

接続する線、交差する線
構造図の中で、接続する線、交差する線を区別して覚えておこう。

接続する線　　交差する線

FETの構造

〈Nチャネル接合形 FET〉
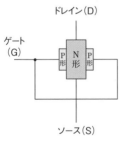

〈Pチャネル接合形 FET〉
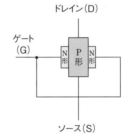

FETの図記号

〈Nチャネル接合形 FET〉
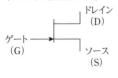

〈Pチャネル接合形 FET〉
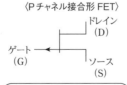

電圧の加え方は、Nチャネル接合形FETがトランジスタのNPN形に、PチャネルのものはPNP形と同じになるんだ

FETでは、ゲートがトランジスタのベース、ドレインがコレクタ、ソースがエミッタに相当する。Nチャネル接合形とPチャネル接合形を見分けるには、ゲートの矢印で判断するよ

⑵ 集積回路

集積回路(IC)は、電子回路の一部、あるいは全部を1つのパッケージに納めたものです。

■ 集積回路(IC)

ICとは、トランジスタ・ダイオード・コンデンサ・抵抗器などをひとつの基板上に集積して組み込んだ微小電子回路のことをいいます。トランジスタの材料である半導体のシリコン上に作ったものがモノリシックIC、超小型のディスクリート(個別)部品を組み合わせて作ったものが混成ICです。

ICにより、電卓や電子式の腕時計のような超小型の電子装置が可能となり、パーソナルコンピュータも生み出しました。アマチュア無線で使う無線機にも多くのICが使われています。

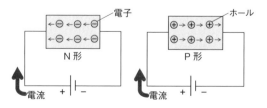

ICは、携帯電話やスマートフォン、デジタルカメラやテレビなどに使われていて、我々の生活を豊かにしているんだね

≡ チェック ≡

□N形半導体とP形半導体の電気伝導

N形半導体の電気伝導は自由電子、P形半導体の電気伝導はホールによって行われる。

1-5　無線工学の基礎

1
無線工学の基礎

2
電子回路

3
送信機

4
受信機

5
電源

6
電波伝搬とアンテナ

7
電波障害

8
測定器

1-5　無線工学の基礎

【問題5】高圧電気の絶縁に用いられるものはどれか、正しいものを選びなさい。

(1)　鉛

(2)　磁器

(3)　ゲルマニウム

(4)　アルミニウム

(1) 電気の基礎知識

脈流などの交流や導体・絶縁体・半導体について補足します。

1 脈流

脈流は交流の一種で、時間とともに大きさが変わりますが、方向(プラス、マイナス)は変わりません。トランジスタを流れている電流は、脈流です。

解 答

(2) ▶磁器は、送電線やアンテナ線の絶縁のためのガイシに用いられている。

交流の一種、脈流

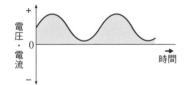

交流の一種の脈流は、時間とともに大きさが変わるが、方向は変わらないよ

いろいろな交流

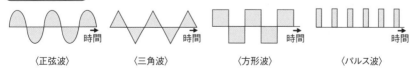

〈正弦波〉　　〈三角波〉　　〈方形波〉　　〈パルス波〉

☑ 導体・絶縁体・半導体

電気を通しやすい物質が導体、電気を通しにくい物質が絶縁体です。別のいい方をすると、抵抗が小さいものが導体、大きいものが絶縁体、その中間のものが半導体です。

抵抗の大きさで並べた導体・半導体・絶縁体

〈抵抗（小）〉　　　　　　　　　　　　　　　　〈抵抗（大）〉

銀・銅　鉄・白金　ゲルマニウム　シリコン　亜酸化銅セレン　大理石　磁器　ガラス　石英

←　導　体　————　半導体　…………　絶縁体　→

抵抗が小さいものは電気を通しやすいんだ

(2) 電気と磁気 🔊

電流・磁力線・力の関係を表すフレミングの法則は、左手の法則のほかに右手の法則があります。

☑ フレミングの右手の法則

磁界の中で導線を動かすと、その導線に起電力が発生します。フレミングの左手の法則は力の方向を知るものですが、動かす方向と磁力線の方向から起電力の方向を知るのがフレミングの右手の法則です。

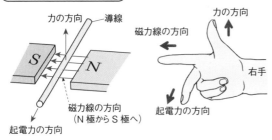

フレミングの右手の法則

力の方向　　導線
磁力線の方向
S　N
磁力線の方向
（N極からS極へ）
起電力の方向

力の方向
磁力線の方向
右手
起電力の方向

右手の人さし指を磁力線の方向に合わせ、導線を親指の方向に動かすと、導線には中指で示す方向に起電力が発生する。これが発電機の原理だよ

1-5 無線工学の基礎

1 無線工学の基礎
2 電子回路
3 送信機
4 受信機
5 電源
6 電波伝搬とアンテナ
7 電波障害
8 測定器

(3) 電気回路 🔊

電気の基本法則であるオームの法則の応用と、抵抗器とコンデンサの直並列接続回路から合成値を求めます。

■1 オームの法則の応用

右の回路図において、抵抗を$3\,\Omega$、電圧を$1.5\,\text{V}$とすると電流は$0.5\,\text{A}$で、消費される電力は$0.75\,\text{W}$です。

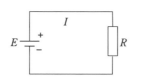

ここで電圧を2倍にして$3\,\text{V}$とすると電流も2倍になり、電力は4倍になります。電力は$P = EI$で、2倍×2倍で4倍になります。つまり、電圧をn倍にすると電力はn^2倍になります。電圧を1/5にすると電力は1/25になります。

■2 抵抗器・コンデンサの直並列接続

抵抗器やコンデンサを任意の数だけ直並列接続したときの合成した値を求めます。直列接続と並列接続の場合の合成値の求め方は36ページで説明しました。直列接続と並列接続が組み合わせてある場合は、直列接続されている部分と並列接続されている部分とに分け計算し、合成した値を求めます。計算するときは、単位をそろえることが大切です。

抵抗の直並列接続の合成抵抗の求め方

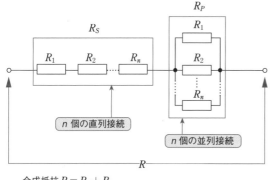

直並列接続の合成抵抗Rは、直列接続の合成抵抗R_Sと、並列接続の合成抵抗R_Pをさらに直列につないだことになるんだ

合成抵抗 $R = R_S + R_P$

$$= (R_1 + R_2 + \cdots + R_n) + \left(\cfrac{1}{\cfrac{1}{R_1} + \cfrac{1}{R_2} + \cdots + \cfrac{1}{R_n}} \right)$$

コンデンサの直並列接続の合成静電容量の求め方

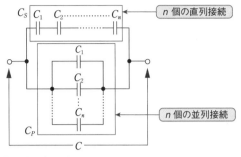

コンデンサの直並列接続の合成静電容量を求める場合も、直列接続部分と並列接続部分に分けて計算していくよ

合成静電容量 $C = C_S + C_P$

$$= \left(\frac{1}{\dfrac{1}{C_1} + \dfrac{1}{C_2} + \cdots + \dfrac{1}{C_n}} \right) + (C_1 + C_2 + \cdots + C_n)$$

(4) 半導体部品 📶

半導体部品であるダイオードの特性について、説明します。

■ ダイオードの種類

・整流用ダイオード

電源の整流用に用いられるシリコンダイオード。

・ツェナーダイオード

逆方向電圧を増加させていくと、ある電圧で急激に電流が流れる特性がある。この特性を利用し定電圧回路に用いる。定電圧ダイオードともいう。

・バラクタダイオード

逆方向電圧を加えると静電容量を持つ特性がある。可変容量ダイオード、バリキャップダイオードともいう。

・発光ダイオード(LED)

順方向電流を流すと発光する特性がある。

1-5　無線工学の基礎

1 無線工学の基礎

2 電子回路

3 送信機

4 受信機

5 電源

6 電波伝搬とアンテナ

7 電波障害

8 測定器

発光ダイオードは、LEDと
もいうんだ。LED電球、交
通信号機や自動車のヘッドラ
イト、電光掲示板や液晶テレ
ビのバックライトなどに使わ
れているんだ

≡ チェック ≡

□ **いろいろな交流**

交流には、脈流や正弦波交流のほかにいろいろな種類がある。

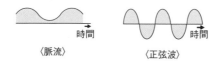

〈脈流〉　　　　　〈正弦波〉

〈三角波〉　　　　〈方形波〉　　　　〈パルス波〉

□ **導体と絶縁体**

電気を通しやすいものが導体、電気を通さないものが絶縁体である。

□ **フレミングの右手の法則**

力の方向と磁力線の方向から起
電力の方向を知る法則。発電機
の原理。

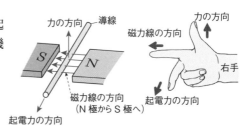

□ **抵抗器の直並列接続**

直列接続と並列接続が組み合わ
せてある場合の合成値の求め方は、直列部分と並列部分とに分けて計算して
いく。

2 電子回路

2-1 増幅と発振

(1) 増幅 🔊

アマチュア無線で使用する送信機や受信機などの電子装置は、さまざまな電子回路の組み合わせで構成されています。ラジオやテレビのスピーカが大きな音を出すために用いられる増幅回路は、基本となる電子回路のひとつです。

1 増幅回路

私たちの声や電波は交流信号です。交流信号の振幅を大きくすることを増幅といい、増幅を行うための電子回路を増幅回路といいます。

増幅回路のはたらき

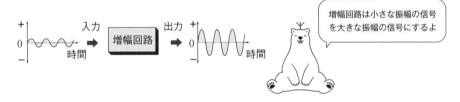

増幅回路は小さな振幅の信号を大きな振幅の信号にするよ

増幅回路は、増幅作用を持っているトランジスタ・FETを使って作られます。

増幅回路は、増幅する交流信号の周波数により、低周波増幅回路や高周波増幅回路に分類されます。トランジスタを使った増幅回路では、接地方式の違いによってエミッタ接地・ベース接地・コレクタ接地に分類されます。また、入力信号電圧に加える電圧(バイアス電圧)をどの位置に持ってくるかによって、A級・B級・C級の増幅回路があります。

エミッタ接地増幅回路

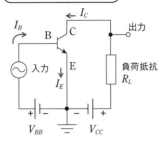

エミッタが入出力に対して共通端子となる。ベースに増幅する信号を加え、コレクタから増幅された信号を取り出すよ

ベース接地増幅回路

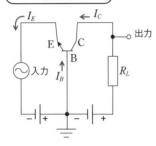

ベースが入出力に対して共通端子となるんだ。エミッタに増幅する信号を加え、コレクタから増幅された信号を取り出すんだ

2 電流増幅率

電流増幅率は、増幅回路によって電流がどのくらい増幅されたかを表すものです。

エミッタ接地増幅回路では、ベース電流を小さく変化させることによってコレクタ電流を大きく変化させることができます。電流増幅率は次の式で表します。

$$電流増幅率 = \frac{コレクタ電流の変化}{ベース電流の変化}$$

ベース接地増幅回路の場合は、同じようにエミッタ電流を変化させることでコレクタ電流を変化させます。電流増幅率は、

$$電流増幅率 = \frac{コレクタ電流の変化}{エミッタ電流の変化}$$

で表すことができます。

解答

(4) ▶ 電流増幅率は、

$$\frac{コレクタ電流の変化}{ベース電流の変化}$$

で求められる。

$$\frac{240-180}{4-3} = \frac{60}{1} = 60$$

▶▶▶ **フォローアップ**

電流増幅率の計算例

入力として、ベース電流 (I_B) を1 mAから6 mAに変化させたところ、コレクタ電流 (I_C) が60 mAから260 mAに変化した。この場合の電流増幅率は、

$$h_{FE} = \frac{I_C の変化}{I_B の変化}$$ から、

$$h_{FE} = \frac{200}{5} = 40$$

つまり、増幅率は40倍となる。なお、増幅率はふつう数十から数百倍ぐらいである。

(2) 発振 📶

無線通信で使う電波は、一定の周波数や振幅を持った連続した交流信号です。これを作り出すのが発振回路です。

■ 発振のしくみ

発振とは交流信号を連続して発生させることで、そのための回路を**発振回路**といいます。トランジスタやFETなどの増幅器に正帰還(出力の一部を同じ位相で入力に戻すこと)をかけることで発振が持続します。このため、発振回路は増幅回路と出力の一部を入力に戻す帰還回路を組み合わせて作られています。

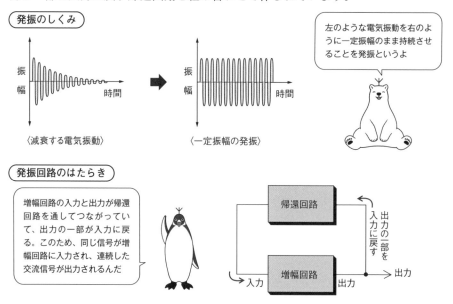

発振のしくみ

左のような電気振動を右のように一定振幅のまま持続させることを発振というよ

振幅 時間
〈減衰する電気振動〉

振幅 時間
〈一定振幅の発振〉

発振回路のはたらき

増幅回路の入力と出力が帰還回路を通してつながっていて、出力の一部が入力に戻る。このため、同じ信号が増幅回路に入力され、連続した交流信号が出力されるんだ

帰還回路

出力の一部を入力に戻す

増幅回路

入力　出力　→ 出力

■ 発振回路の種類

発振回路には、自励発振回路と水晶発振回路があります。自励発振回路は、コンデンサとコイルで構成する共振回路を利用したものです。コンデンサの値を変化させるなどすれば、発振周波数を変えることができます。水晶発振回路は帰還回路に水晶発振子を使ったもので、発振周波数を変えることはできませんが、発振周波数は非常に正確で安定しています。

1 無線工学の基礎
2 電子回路
3 送信機
4 受信機
5 電源
6 電波伝搬とアンテナ
7 電波障害
8 測定器

自励発振回路

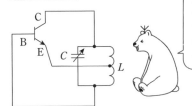

コンデンサ・コイル・トランジスタなどで構成され、コンデンサやコイルの値を変えることで発振周波数を大幅に変えることができるよ

水晶発振回路（ピアースCB回路）

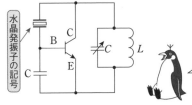

水晶発振子の記号

帰還回路に水晶発振子を用いた回路で、自励発振回路と比べると発振周波数が安定しているんだ。発振周波数を変えることはできないんだ

▶▶▶ メモ

正帰還と負帰還

発振回路では正帰還で出力の一部を入力に戻す。正帰還とは、波形が助け合うようにして戻すこと。これに対し、波形が打ち消し合うようにして戻すことを負帰還という。これはオーディオアンプなどで周波数特性をよくするためなどに利用されている。

3 発振周波数の変動要因

発振回路の周波数が変動する外部要因には、次のものがあります。

・負荷の変動（発振回路の次に接続される回路の状態変化のことです）

・電源電圧の変動

・周囲の温度・湿度の変化

・外部からの衝撃・振動

≡ チェック ≡

□ 増幅回路

小さな振幅の信号を大きな振幅の信号にする回路。トランジスタや FET を使って作る。

□ 電流増幅率

増幅回路によって、電流がどのくらい増幅されたかを表す。エミッタ接地増幅回路の場合、電流増幅率 $= \dfrac{コレクタ電流の変化}{ベース電流の変化}$

□ 発振

交流信号を一定のまま持続させること。

□ 発振回路

自励発振回路や水晶発振回路がある。

55

2-2 変調と復調

出題例

【問題7】音声信号で変調された電波で、占有周波数帯幅が通常、最も狭いものを、次のうちから選びなさい。

(1) ATV 波　　(2) FM 波　　(3) DSB 波　　(4) SSB 波

(1) 変調のしくみ

高周波は導線に流すと電波となって遠くまで飛んでいきますが、私たちの声などの音声信号(低周波)は、導線に流しても電波となって飛んでいくことはできません。そこで、電波となって飛んでいく高周波に低周波を乗せて遠くへ運ぶのです。このように、高周波に低周波を乗せることを変調といいます。

1 変調の種類

音声などの低周波は、そのままでは電波として空間に放射することができません。そこで搬送波と呼ぶ高周波を音声などの低周波(信号波という)に応じて変化させ、電波として空間に放射することができるようにします。これが**変調**です。

搬送波の振幅を音声などの振幅で変化させる変調方式を**振幅変調**、搬送波の周波数を変化させる変調方式を**周波数変調**といいます。

（変調のしくみ）

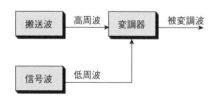

搬送波（高周波）を音声などの信号波（低周波）に応じて振幅や周波数を変化させ、電波として空間に放射できるようにするんだ

1 無線工学の基礎
2 電子回路
3 送信機
4 受信機
5 電源
6 電波伝搬とアンテナ
7 電波障害
8 測定器

② 振幅変調波（DSB 波）

　搬送波となる高周波と信号波である低周波はともに交流ですが、周波数が違います。そこで、振幅変調器によって搬送波を信号波で振幅変調して得られるのが**DSB 波**です。この DSB 波は変調後も高周波なので、導線に流すと電波となって飛んでいきます。DSB 波の振幅の変化が信号波となります。

　このとき、振幅変調波の変調度は次の式で表されます。

$$変調度 = \frac{信号波の振幅}{搬送波の振幅} \times 100 = \frac{B}{A} \times 100 \,（\%）$$

振幅変調器（DSB 波）

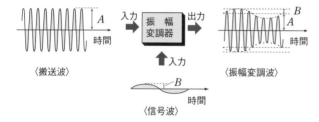

　振幅変調波は、搬送波（f_C）の周波数の上下に信号波の周波数（f_S）だけ離れたところに上側波帯と下側波帯の2つの側波帯（サイドバンド）ができます。信号波は搬送波の上下にくっついたわけです。このとき、上下の側波の幅が振幅変調波の幅となり、これを**占有周波数帯幅**といいます。占有周波数帯幅は信号波の最高周波数の2倍です。

DSB 波の特徴

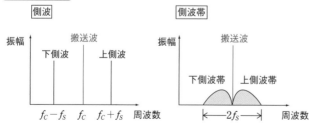

解 答

(4) ▶ SSB 波は、DSB 波から搬送波と2つある側波帯の片方を取り去るため、周波数帯幅が狭く、効率がよい。

DSB 波は、上側波帯と下側波帯の両方を伝送するのが特徴。つまり、実際に伝えたい情報（信号波）が上下の周波数につくよ

⬛ 振幅変調波(SSB 波)

DSB波の上側波帯と下側波帯はどちらも同じ信号波の情報を持っています。

SSB波はDSB波の上側波帯か下側波帯のどちらか一方の側波帯を送信して、信号波の情報を伝えます。

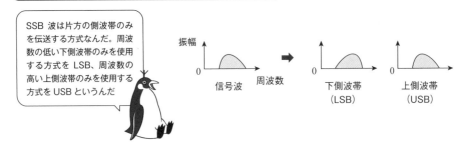

SSB 波は下側波帯か上側波帯のどちらか一方を伝送する

SSB 波は片方の側波帯のみを伝送する方式なんだ。周波数の低い下側波帯のみを使用する方式を LSB、周波数の高い上側波帯のみを使用する方式を USB というんだ

下図はSSB波を得る方法で、周波数の低い下側波帯のみを使用するLSB方式の例です。

搬送波f_Cを1,506.5 kHz、信号波f_Sを300 Hz(0.3 kHz)〜3 kHzとしたとき、振幅変調をして、平衡変調器で不要になった搬送波を取り去ります。搬送波のない側波帯だけのものができたら、帯域フィルタ(BPF)で希望の側波帯だけ(この場合は上側波帯)を取り出します。

SSB 波の作り方

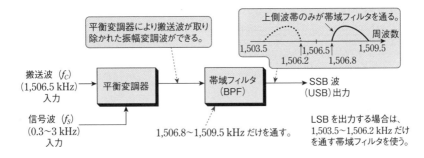

平衡変調器により搬送波が取り除かれた振幅変調波ができる。

上側波帯のみが帯域フィルタを通る。

搬送波 (f_C)
(1,506.5 kHz)
入力

信号波 (f_S)
(0.3〜3 kHz)
入力

平衡変調器 → 帯域フィルタ(BPF) → SSB 波(USB)出力

1,506.8〜1,509.5 kHz だけを通す。

LSB を出力する場合は、1,503.5〜1,506.2 kHz だけを通す帯域フィルタを使う。

④ 周波数変調波（FM 波）

　振幅変調が搬送波の振幅を変化させたのに対し、周波数を変化させて送信するのが周波数変調です。

　周波数変調は、搬送波の周波数が信号波の大きさ（振幅）に応じて変化します。これを周波数偏移といいます。周波数偏移は大きな声なら大きく、小さな声なら小さくなります。周波数偏移が大きくなるほど周波数変調波の占有周波数帯幅は広くなります。

　電波法令で定められた周波数変調波の占有周波数帯幅の値は 40 kHz（430 MHz 帯は 30 kHz）となっていますが、少しでも多くの人が通信できるように、実際には 16 kHzで通信が行われます。音質がよく、無線機の受信操作が簡単なことから、VHF や UHF のモービル機やハンディ機などの移動用の無線機に使われています。

▶▶▶ **メモ**

USB と LSB
SSB で通信する場合、同じ側波帯を使わないと通信ができない。国際的には、10 MHz を境にして、これより下のバンドでは LSB が、これより上のバンドでは USB が使われている。

▶▶▶ **メモ**

SSB 波の特徴
SSB 波は信号波の成分だけを送信するので、DSB 波に比べ送信電力が経済的である。また、占有周波数帯幅が DSB 波の半分と狭く、周波数の利用効率がよい。

(周波数変調のしくみ)

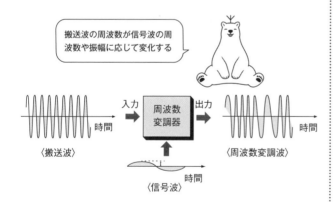

搬送波の周波数が信号波の周波数や振幅に応じて変化する

入力　周波数変調器　出力

時間　〈搬送波〉
時間　〈信号波〉
時間　〈周波数変調波〉

⑤ 周波数変調の特徴

　周波数変調は振幅変調に比べて以下の特徴があります。

・占有周波数帯幅が広い

・受信機出力の信号対雑音比（S/N）がよい

・パルス性雑音の影響を受けにくい

・受信入力レベルが変動しても出力レベルがほぼ一定

1 無線工学の基礎
2 電子回路
3 送信機
4 受信機
5 電源
6 電波伝搬とアンテナ
7 電波障害
8 測定器

(2) 復調（検波）

アマチュア無線の通信をするとき、アンテナから入ってくる相手の局の電波は搬送波が変調された被変調波です。この被変調波は高周波で、そのままではスピーカなどに加えても音として聞くことができません。そこで、被変調波からもとの信号波を取り出す必要があるのです。このはたらきをするのが、**復調**または**検波**と呼ばれるものです。

1 振幅変調波（DSB 波）の復調

DSB 波の復調には、直線検波器などが用いられます。入力と出力の関係が直線的であることからこう呼ばれています。ダイオードやコンデンサを組み合わせた回路で、振幅変調された搬送波の振幅の変化から信号波を取り出します。

(DSB 波の復調)

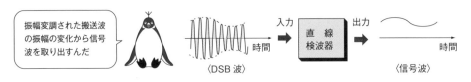

2 振幅変調波（SSB 波）の復調

SSB 波は DSB 波から搬送波と一方の側波帯を取り除いたものです。復調するためにはもう一度搬送波を加えます。受信機の内部の局部発振器から搬送波に相当する高周波を与え、SSB 波との周波数の和または差の周波数成分を信号波として取り出します。この復調器にはプロダクト検波器などがあります。

(SSB 波の復調)

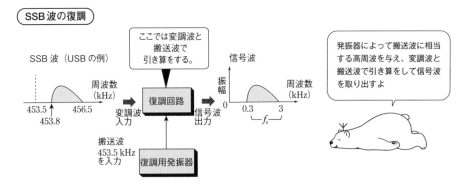

3 周波数変調波（FM 波）の復調

　周波数変調波の復調は、周波数弁別器を使って行います。周波数の変化を振幅の変化に直し、信号波を取り出します。

周波数の変化を振幅の変化に直して信号波を取り出すんだ

≡ **チェック** ≡

☐ **DSB 波**

搬送波を信号波で振幅変調して作る。

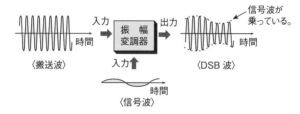

☐ **SSB 波**

DSB 波の持つ2つの側波帯のうちのどちらか一方だけを伝送する方式。DSB 波よりも効率がよい。

☐ **FM 波**

周波数に情報を乗せて送信する。搬送波の周波数が信号波の振幅に応じて変化する。

☐ **DSB 波の復調**

振幅変調された搬送波の振幅の変化から信号波を取り出す。

☐ **SSB 波の復調**

局部発振器によって搬送波に相当する高周波を与えてから信号波を取り出す。

☐ **FM 波の復調**

周波数弁別器を使う。周波数の変化を振幅の変化に直し、信号波を取り出す。

2-3 周波数変調と周波数逓倍

出題例

【問題8】周波数 f の信号と、周波数 f_0 の局部発振器の出力を周波数混合器で混合したとき、出力側に現れる周波数成分は、次のうちどれか。ただし、$f > f_0$ とする。

  (1)　$f \times f_0$　 (2)　$f \pm f_0$　 (3)　$\dfrac{f + f_0}{2}$　 (4)　$\dfrac{f}{f_0}$

(1) 周波数変換

　電子回路では、2つの周波数から新しい周波数を作る場合があります。新しい周波数を作ることを周波数変換といいます。

■ 新しい周波数を作る周波数変換

　周波数変換には、周波数混合器を使います。

　f_1 と f_2 という2つの周波数を周波数混合器に入力すると、出力から $f_1 + f_2$ と $f_1 - f_2$（$f_1 > f_2$）という2つの新しい周波数が得られます。このうち必要な方の周波数をフィルタを通して選び出して利用します。

　また、出力からは $f_1 + f_2$、$f_1 - f_2$ のほかに、入力した f_1 と f_2 も出てきますが、この2つは不要な周波数なので利用しません。

周波数変換のしくみ

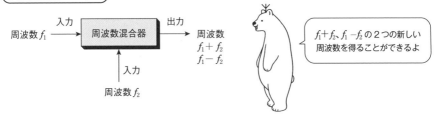

入力　周波数混合器　出力

周波数 f_1 →　周波数混合器　→ 周波数 $f_1 + f_2$　$f_1 - f_2$

↑ 入力

周波数 f_2

$f_1 + f_2$、$f_1 - f_2$ の2つの新しい周波数を得ることができるよ

1 無線工学の基礎
2 電子回路
3 送信機
4 受信機
5 電源
6 電波伝搬とアンテナ
7 電波障害
8 測定器

(2) 周波数逓倍 🔊

　ある周波数の2倍、3倍…のように整数倍の周波数を作り出すことを周波数逓倍といい、周波数逓倍器が使われます。

■ 整数倍の周波数を作る周波数逓倍

　周波数逓倍とは、周波数逓倍器を使って、ある周波数の整数倍の周波数を作り出すことをいいます。たとえば入力する周波数が7 MHzの場合、出力される周波数はもとの周波数である7 MHzのほかに2倍の14 MHz、3倍の21 MHz、4倍の28 MHz…のように整数倍の新しい周波数がたくさん出てきます。この中から必要なものをフィルタに通して選び出し利用します。

（周波数逓倍のしくみ）

解 答

(2) ▶2つの周波数を周波数混合器に入力して得られる新しい周波数は$f+f_0$、$f-f_0$になる。

▶▶▶ **メモ**

分周回路
ある周波数の2分の1、3分の1の周波数を作り出す回路を分周回路という。

=== チェック ===

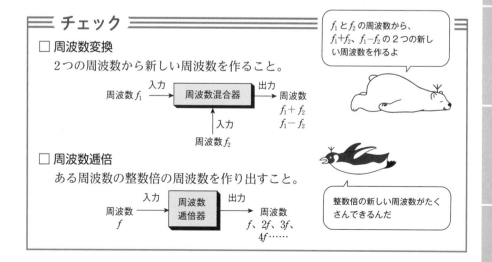

□ **周波数変換**
　2つの周波数から新しい周波数を作ること。

□ **周波数逓倍**
　ある周波数の整数倍の周波数を作り出すこと。

f_1とf_2の周波数から、f_1+f_2、f_1-f_2の2つの新しい周波数を作るよ

整数倍の新しい周波数がたくさんできるんだ

2-4 電子回路

出題例

【問題9】 図は、トランジスタ増幅器の $V_{BE} - I_C$ 特性曲線の一例である。特性の P 点を動作点とする増幅方式は、次のうちどれか。

(1) A 級増幅

(2) B 級増幅

(3) C 級増幅

(4) AB 級増幅

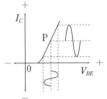

(1) 増幅と発振 🔊

増幅は、動作点の選び方によって3つの増幅方法があります。発振でよく使われる水晶発振回路は、さらに2つの回路があります。

■ 動作点の選び方による3つの増幅方法

交流信号の振幅を大きくする増幅方法には、基本的にA級増幅・B級増幅・C級増幅の3つがあります。違いは動作点の選び方にあり、その動作点はバイアス電圧(入力信号電圧に加える電圧)によって決まります。

・A級増幅

NPN形トランジスタの場合、A級増幅の動作点は特性曲線の中央になり、入力信号の全周期に対して出力信号が現れます。出力のひずみが少なく、入力した波形に対して忠実な波形が出力されます。ただし動作点の関係から、入力信号がなくてもコレクタ電流が流れ、効率は悪くなります。

A級増幅

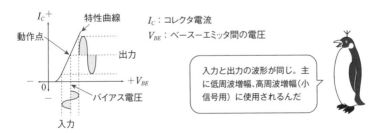

I_C：コレクタ電流
V_{BE}：ベース―エミッタ間の電圧

入力と出力の波形が同じ。主に低周波増幅、高周波増幅(小信号用)に使用されるんだ

2-4 電子回路

1 無線工学の基礎
2 電子回路
3 送信機
4 受信機
5 電源
6 電波伝搬とアンテナ
7 電波障害
8 測定器

・B級増幅

　B級増幅は、動作点をコレクタ電流がゼロになるところにおき、入力した波形の半サイクルのみにコレクタ電流が流れるようにした増幅回路です。A級増幅回路に比べて効率がよくなっています。出力される波形が入力した波形の半分しかありませんが、プッシュプル増幅という方法で波形の半分を補うようにします。主に低周波増幅回路として使用されます。

B級増幅

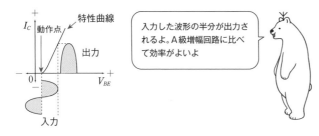

入力した波形の半分が出力されるよ。A級増幅回路に比べて効率がよいよ

・C級増幅

　C級増幅は、動作点をカットオフ以下のところに選び、入力した波形の一部のサイクルのみコレクタ電流が流れるようにした増幅回路です。増幅効率はA級・B級に比べよいですが、出力する波形のひずみが多くなります。C級増幅は無線送信機に使われます。コンデンサとコイルで作った並列共振回路の助けをかりて、出力波形の不足分を補います。

C級増幅

入力した波形の一部が出力されるんだ。効率はよいがひずみが多いんだ

解 答

(1)▶特性曲線の中央を動作点とするのは、A級増幅である。

▶▶▶ **メモ**
カットオフ
特性曲線において、電流が流れ始める点のこと。

▶▶▶ **メモ**
AB級増幅
A級増幅の動作点とB級増幅の動作点の間に動作点を選んだ増幅のしかたをいう。SSB送信機の電力増幅器で用いられる。

2 水晶発振回路

トランジスタを使った発振回路の中でもよく使われる水晶発振回路には、ピアースCB回路やピアースBE回路があります。これらはコンデンサとコイルによる共振回路を持っていて、コンデンサの値を変える（共振周波数を変えることになる）ことにより、発振のようすが変わります。そのようすはピアースCB回路とピアースBE回路ではちょうど反対になります。

どちらの回路も，発振を始めるのは水晶発振子の周波数と、コンデンサとコイルによる共振回路の共振周波数がほぼ同じになったときです。発振出力はこのときが最も大きいのですが、コンデンサの値がちょっと変わることで発振が止まってしまうおそれがあります。そのため、実際に使うときにはコンデンサの値を調節し、共振回路の周波数を少しずらすことが必要になります。

水晶発振回路の例

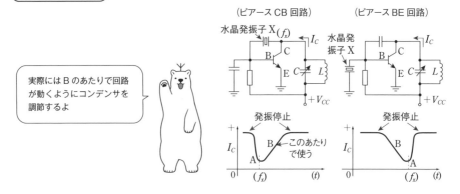

(2) 変調と復調（検波） 📶

音声などの信号波を電波として空間に放射するのに必要な変調と、受信した変調波を聞くことのできる信号波に戻す復調（検波）のしくみについては2−2で学びました。ここでは、変調波や無線電信の復調について学びましょう。

1 DSB 波の変調度

振幅変調波のうちDSB波の変調度は100％が限度で、100％を超えると過変調といい、音がひずんだりして受信音が聞きとりにくくなります。

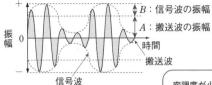

DSB 波の変調度

振幅 0
時間

B：信号波の振幅
A：搬送波の振幅
搬送波
信号波

$$変調度\ M = \frac{B}{A} \times 100\ (\%)$$

変調度が小さいことを変調が浅いといい、100%を超えたときは過変調というんだ

変調が浅いと了解度の低下を生じ、過変調になると音がひずんだりして、受信音が聞きとりにくくなるよ

② SSB 波の変調

　SSB 波は、2つの側波帯のうちの片方だけを伝送します。周波数の低い側波帯のみを伝送する方式を LSB、周波数の高い側波帯のみを伝送する方式を USB といいます。SSB 波の変調は、平衡変調器と帯域フィルタによって行われます。平衡変調器には、リング変調回路などが用いられます。搬送波の周波数を f_C、信号波の周波数を f_S とすると、平衡変調器からは $f_C + f_S$ と $f_C - f_S$ の側波が出力されます。搬送波はこのときに取り除かれ、出力されません。この後に、帯域フィルタによって2つの側波帯のうち、1つだけを選び出します。

リング変調回路

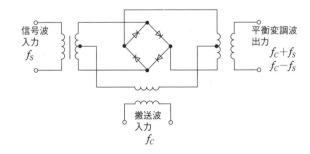

信号波入力 f_S
平衡変調波出力 $f_C + f_S$ $f_C - f_S$
搬送波入力 f_C

3 周波数変調波の占有周波数帯幅

搬送波を信号波に応じて周波数変調すると周波数変調波(FM波)ができあがります。周波数変調波の側波は、信号波の振幅によって複雑に変化します。最も大きい信号波が加わったときの周波数の偏移を最大周波数偏移といいます。

占有周波数帯幅f_Bは、信号波の最高周波数をf_m、最大周波数偏移をf_dとすると、次の式で表されます。

$$f_B = 2(f_m + f_d)$$

アマチュア無線でよく使われているFM送信機は$f_m = 3\,\text{kHz}$、$f_d = 5\,\text{kHz}$となっており、占有周波数帯幅f_Bは16 kHzになります。

周波数変調波と占有周波数帯幅

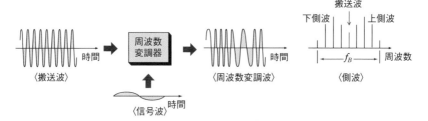

4 無線電信(CW)の検波

ここでは、モールス符号を使って通信する無線電信(CW)の検波について説明します。CW波とは、搬送波をモールス符号に従って断続したものです。BFO(ビート周波数発振器)の信号と混合することにより、耳で聞こえる音に変えることができます。

CW波の検波

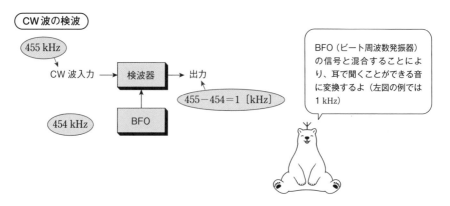

2-4　電子回路

1 無線工学の基礎
2 電子回路
3 送信機
4 受信機
5 電源
6 電波伝搬とアンテナ
7 電波障害
8 測定器

(3) 周波数変換 🔊

▶▶▶ メモ
CW
Continuous Wave の略。
モールス通信（電信）のこと。

2つの周波数から新しい周波数を作る周波数変換を、スーパヘテロダイン受信機を例に説明します。

スーパヘテロダイン受信機では、中間周波数 f_{IF} は 455 kHz（0.455 MHz）がよく使われます。21.350 MHzの電波を受信する（受信周波数 f_S = 21.350 MHz）場合、局部発振周波数の f_L は以下の式で求められます。

$$f_L = f_S \pm f_{IF}$$

計算により、20.895 MHz と 21.805 MHz となります。

局部発振周波数 f_L に受信周波数21.350 MHzよりも低い20.895 MHzを選んだ場合を下側ヘテロダイン、逆に高い方の21.805 MHzを選んだ場合を上側ヘテロダインといいます。

スーパヘテロダイン受信機の周波数変換例

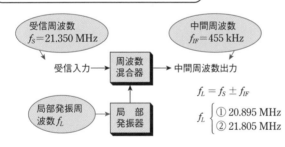

$$f_L = f_S \pm f_{IF}$$
$$f_L \begin{cases} ① 20.895 \text{ MHz} \\ ② 21.805 \text{ MHz} \end{cases}$$

═ チェック ═

☐ 動作点の選び方による増幅
　A級・B級・C級の増幅がある。

☐ 水晶発振回路
　トランジスタによって発振させる回路として、ピアース CB 回路やピアース BE 回路がある。

☐ SSB 波の変調
　平衡変調器と帯域フィルタによって行う。

☐ FM 変調の占有周波数帯幅
　信号波の最高周波数を f_m、最大周波数偏移を f_d とすると、占有周波数帯幅 $f_B = 2(f_m + f_d)$ で表すことができる。

3 送信機

3-1 送信機の構成

(1) 送信機の一般的な構成 📶

　無線機は、基本的に送信機と受信機からなっています。トランシーバのように、その内部に送信部と受信部が内蔵されているものもあります。電波を送り出す送信機と電波を受ける受信機のしくみを理解しておきましょう。

■ 送信機の種類と基本構成

　送信機には、DSB送信機・SSB送信機・FM送信機があります。下図の斜線部分に何が組み込まれているかによって送信機の種類が決まります。

送信機の大まかな基本構成

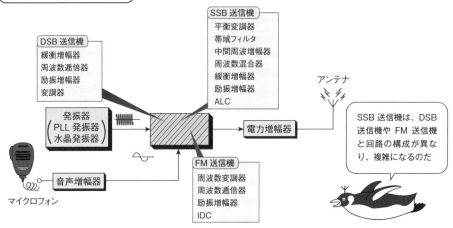

2 送信機の各部の役割

送信機の各部の役割は以下のようになります。

各部の名称	各部の役割
PLL 発振器	電圧制御発振器、低域フィルタ(LPF)、位相比較器、基準水晶発振器、可変分周器で構成され、分周比を変えることで周波数を変化させることができる。
水晶発振器	固定した周波数の高周波を作り出すときに使われる。
変調器	DSB送信機では、音声増幅器が兼ねる。SSB送信機では、平衡変調器が使われる。FM送信機では、周波数変調器が使われる。
緩衝増幅器	他段からの影響で発振周波数が変動するのを防ぐ。発振器の後段に使われる。
励振増幅器	終段電力増幅器の前に置いて、搬送波や被変調波を電力増幅する。
周波数逓倍器	発振器で作られた高周波を入力して、その整数倍の周波数の出力を作り出す。DSBやFMの送信機に使われる。
帯域フィルタ	SSB送信機で使われるもので、平衡変調器で得られたDSB波からSSB波を作り出す。
中間周波増幅器	SSB送信機で使われるもので、帯域フィルタによる損失分を補う高周波増幅器。
周波数混合器	局部発振周波数と中間周波数の2つの和や差を作り出す。このときの局部発振器と周波数混合器とを合わせて、周波数変換器という。
IDC（瞬時周波数偏移制御）	FM送信機で使われる。占有周波数帯幅が広がらないようにする。
電力増幅器	前段までに得られた被変調波や搬送波を、電波としてアンテナから発射させることができるまでの出力に増幅する。終段電力増幅器ともいう。

解答

④ ▶ いずれも混信を未然に防ぐための必要条件である。

▶▶▶ フォローアップ

DSB
Double Sideband (両側波帯) のことをいい、ふつうAM (Amplitude Modulation)と呼んでいる振幅変調波のこと。

SSB
Single Sideband (単側波帯) のことで、これも振幅変調波である。

③ 周波数逓倍器

　周波数逓倍器は、入力周波数の整数倍の周波数を出力側に取り出すはたらきをします。たとえば、入力周波数をfとした場合、出力周波数は$2 \times f$、$3 \times f$、$4 \times f$……というように、入力周波数を整数倍した周波数を出力します。

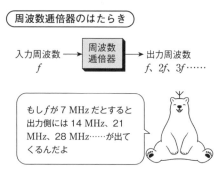

周波数逓倍器のはたらき

入力周波数 f → 周波数逓倍器 → 出力周波数 f, $2f$, $3f$……

もし f が 7 MHz だとすると出力側には 14 MHz、21 MHz、28 MHz……が出てくるんだよ

　周波数逓倍器の最も大きな役割は、水晶発振器などの発振器から直接には得ることのできない高い周波数を作り出すことです。水晶発振器で作られる周波数は数10MHz程度です。100 MHz以上の高周波を必要とする場合には、周波数逓倍器を用いて目的の周波数を作り出すことになります。

④ 周波数混合器

　周波数混合器は、周波数変換を行うことによって、2つの入力周波数の和や差の周波数を取り出すはたらきをします。

　右図は、そのようすを示したものです。たとえば、f_1をSSB波の中間周波数とすると、これを局部発振器で作ったf_2と周波数混合器で混合して、必要な周波数のSSB波（$f_1 + f_2$）などを得るわけです。

　出力側に出てくるf_1とf_2は不要なものですが、混合されて作られた$f_1 + f_2$、$f_1 - f_2$のうちの必要な周波数を取り出すには、後段のLC同調回路の助けをかります。また、この周波数混合器と局部発振器をいっしょにしたものを周波数変換器といいます。

周波数変換器のはたらき

入力周波数 f_1 → 周波数混合器 → 出力周波数 f_1, f_2、$f_1 + f_2$、$f_1 - f_2 (f_1 > f_2)$

入力周波数 f_2 → 局部発振器

$f_1 - f_2$ は、もちろん大きい方から小さい方を引くんだよ

5 送信機の付属回路

　送信機には、ほかにもいろいろな付属回路があります。たとえば、送信機の運用をスムーズに行うもの、送信機の異常動作を防ぐもの、また異常になった送信機を保護するものなどがあります。その主なものにPTTスイッチ・VOX・ALCがあります。

・PTTスイッチ

　PTTスイッチとは、ハンドマイクに付いている送受信切り換えスイッチ、またはスタンバイスイッチのことをいいます。無線電話用送信機のほとんどは、このスイッチで送信・受信を切り換えます。

・VOX

　VOXとは、音声によって自動的に送受信の切り換えを行う装置をいいます。マイクに向かって話すと音声に反応して自動的に送信になり、話していないときには自動的に受信に切り換わります。VOXは主にSSB送信機に用いられます。

・ALC

　ALCとは、SSB送信機で用いるもので、電波の質の低下を防ぐ装置のことをいいます。SSB送信機では、終段電力増幅器にある程度以上の入力が加わるとひずみが大きくなり、電波の質が悪くなります。ALCはそれを防止するものです。

VOXを動作させれば、話すと自動的に送信になるんだ

▶▶▶ フォローアップ

周波数逓倍器

周波数逓倍器は、一段で入力周波数の大きな倍数の周波数を作り出すことができない。それは周波数の倍数が大きくなると出力が小さくなることによる。したがって、2倍、3倍……の逓倍器をいくつかつなぐ方法を用いる。

1 無線工学の基礎

2 電子回路

3 送信機

4 受信機

5 電源

6 電波伝搬とアンテナ

7 電波障害

8 測定器

(2) 送信機に必要な条件 🛜

　送信機は電波を送り出す装置なので、もし質の悪い電波を出してしまうと他の無線通信に妨害を与えます。送信機に必要な性能については、電波法令で定められています。

■ 送信機の性能

・**周波数は正確で安定していること**

　発射電波の周波数がふらふら動いて不安定だと、受信側が確実に受信できないだけではなく、近接周波数の他の電波に混信の害を与えるおそれがあります。

・**電波の占有周波数帯幅は必要最小限であること**

　信号波や電波型式の種類によって、必要とする占有周波数帯幅が決まっています。これが必要以上に広がると他局に混信を招くことになるので、占有周波数帯幅は狭いほどよいです。

・**スプリアス発射はできるだけ少なくすること**

　スプリアス発射とは、目的の周波数以外の電波が送信機から発射されることをいいます。この不要電波が発射されると混信や、テレビ・ラジオの画像と音声を乱します。また、次の不要発射に分けられます。

　①高調波発射

　　送信電波の整数倍の周波数の電波の発射。

　②低調波発射

　　送信電波の整数分の1の周波数の電波の発射。

　③寄生発射

　　送信電波と関係ない周波数の電波の発射。

1 無線工学の基礎

2 電子回路

3 送信機

4 受信機

5 電源

6 電波伝搬とアンテナ

7 電波障害

8 測定器

・発振回路が温度や湿度の影響を受けないこと
・連続的に使用しても温度上昇が少なく、部品の劣化が少ないこと
・変調度・周波数特性がよいこと

▶▶▶ フォローアップ

周波数の偏差
7,050 kHzの電波を出しているつもりが、実際には7,053 kHzだった場合、その3 kHzのずれを周波数の偏差という。

送信機の性能は、電波法令で定められているよ

≡ チェック ≡

□ 送信機の種類
　① DSB 送信機　② SSB 送信機　③ FM 送信機
□ 周波数逓倍器
　逓倍とは整数倍の意味。入力周波数を f とすると、出力周波数は、$2f$, $3f$, $4f$ ……となる。
□ 周波数混合器
　周波数変換を行うことによって、2つの入力周波数の和や差の周波数を取り出す。

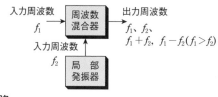

入力周波数 f_1 → 周波数混合器 → 出力周波数 f_1, f_2, $f_1 + f_2$, $f_1 - f_2 (f_1 > f_2)$
入力周波数 f_2 → 局部発振器

□ 送信機の付属回路
　① PTT スイッチ……ハンドマイクに付いている送受信切り換えスイッチ
　② VOX……音声による自動送受信切り換え装置
　③ ALC……電源の質の低下を防ぐ装置。SSB で使用
□ 送信機に必要な条件
　①周波数は正確で安定
　②電波の占有周波数帯幅は必要最小限
　③スプリアス発射が少ない

3-2 DSB送信機

出 題 例

【問題11】 DSB（A3E）送信機において、占有周波数帯幅が広がる場合の説明として、
誤っているものを選びなさい。

(1) 送信機が寄生振動を起こしている。

(2) 変調器の周波数特性が高域で低下している。

(3) 変調器の出力に非直線ひずみの成分がある。

(4) 変調度が100％を超えて過変調になっている。

(1)DSB送信機の構成 🔊

DSB（A3E）送信機はAM送信機とも呼ばれ、振幅変調の送信機です。現在ではSSB
（J3E）送信機が一般に用いられ、DSB（A3E）送信機はあまり使用されなくなりまし
たが、構成が単純なので送信機のしくみを知るうえでは基本となります。

DSB送信機の構成

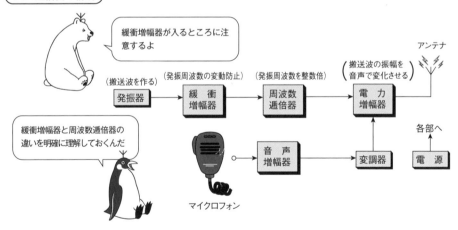

3-2　DSB 送信機

1 無線工学の基礎

2 電子回路

3 送信機

4 受信機

5 電源

6 電波伝搬とアンテナ

7 電波障害

8 測定器

(2) DSB 送信機のしくみ 🔊

前ページに示したDSB送信機の構成にそって説明します。

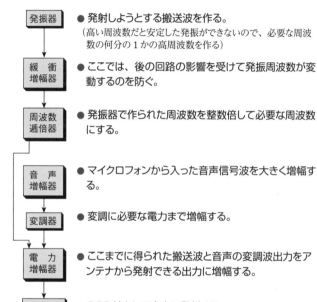

発振器
● 発射しようとする搬送波を作る。
（高い周波数だと安定した発振ができないので、必要な周波数の何分の1かの高周波数を作る）

緩衝増幅器
● ここでは、後の回路の影響を受けて発振周波数が変動するのを防ぐ。

周波数逓倍器
● 発振器で作られた周波数を整数倍して必要な周波数にする。

音声増幅器
● マイクロフォンから入った音声信号波を大きく増幅する。

変調器
● 変調に必要な電力まで増幅する。

電力増幅器
● ここまでに得られた搬送波と音声の変調波出力をアンテナから発射できる出力に増幅する。

アンテナ
● DSB 波として空中に発射する。

解 答

(2) ▶ 送信機の変調器の周波数特性が高域で低下すると、信号波の高い周波数成分が低下する。このような場合には、占有周波数帯幅が狭くなる。

▶▶▶ メモ

シングルバンド送信機
ひとつの周波数帯の電波しか発射できない送信機。

マルチバンド送信機
いくつかの周波数帯の電波を発射できる送信機。オールバンド送信機ともいう。

≡ チェック ≡

□ DSB 送信機の構成

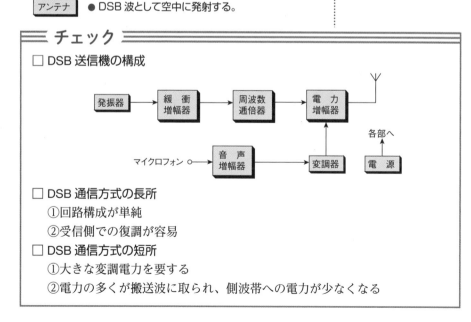

□ DSB 通信方式の長所
　①回路構成が単純
　②受信側での復調が容易
□ DSB 通信方式の短所
　①大きな変調電力を要する
　②電力の多くが搬送波に取られ、側波帯への電力が少なくなる

3-3 SSB送信機

出 題 例

【問題12】図に示す SSB (J3E) 波を発生させるための回路の構成において、出力に現れる周波数成分は次のうちどれか。

(1) $f_C + 2f_S$

(2) $f_C + f_S$

(3) $f_C - f_S$

(4) $f_C \pm f_S$

(1)SSB送信機の構成

SSB送信機の構成を図に示します。DSB送信機と比較して複雑です。

SSB送信機の構成

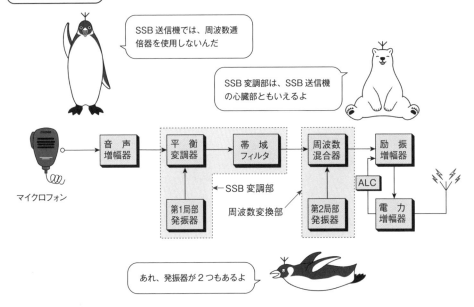

3-3　SSB 送信機

1 無線工学の基礎

2 電子回路

3 送信機

4 受信機

5 電源

6 電波伝搬とアンテナ

7 電波障害

8 測定器

(2)SSB送信機のしくみ 🔊

前ページに示したSSB送信機の構成にそって、説明します。

音声増幅器
● 音声をマイクロフォンに入れてもその出力電圧が小さいので、搬送波を変調するのに十分な大きさに増幅する。

平衡変調器
● ここでは、搬送波を音声などの信号波で振幅変調を行う。また、搬送波を消すので上側波帯と下側波帯が出てくる。

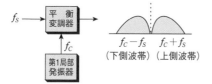

$f_S \longrightarrow$ 平衡変調器

f_C

第1局部発振器

$f_C - f_S$　$f_C + f_S$
（下側波帯）（上側波帯）

帯域フィルタ
● 側波帯の上下どちらか一方を選び出し、SSB波を作る。

帯域フィルタ
（上側波帯通過用）

周波数混合器
● SSB波では周波数逓倍器は使用できないので、周波数混合器で目的の周波数を作る。

励振増幅器
● ここまでに作られたSSB波は、励振増幅器と電力増幅器によって必要な電力まで増幅されて、アンテナから電波として空中に発射される。

電力増幅器

アンテナ

> SSB送信機には、電力増幅器に一定レベル以上の入力電圧が加わると、自動的に入力レベルをコントロールするALC回路がついているんだ

解答

(2) ▶ SSBとは単側波帯のことで、平衡変調器の出力に生じる上側波帯（$f_C + f_S$）または下側波帯（$f_C - f_S$）のどちらか一方を使用することになる。

▶▶▶ メモ

ALC
Automatic Level Control（自動レベル制御）のことで、電力増幅器に過大な入力が加わらないようにするもの。

▶▶▶ フォローアップ

周波数変換部
周波数混合器と局部発振器をいっしょにしたものをいう。

(3)DSB方式とSSB方式の違い

DSB方式とSSB方式の違いをまとめると、下記のようになります。

比較事項	DSB方式	SSB方式
使用電波	両側波帯	単側波帯
変調器	変調器と電力増幅器	平衡変調器
求める周波数の作り方	周波数逓倍器	周波数混合器
帯域フィルタ	使用せず	DSB波からSSB波を作る
中間周波増幅器	使用せず	帯域フィルタでの損失を補う
回路構成	単純で調整が簡単	複雑で調整が難しい
送信電力の経済性	不経済	経済的
占有周波数帯幅	6 kHz	3kHzでDSBの1/2

SSB波は、フェージングが少ないのが特徴だよ

SSB波は音質に多少問題が残るんだ

(4)SSB波の周波数の計算

次の回路構成において、出力に現れる周波数を求めてみましょう。

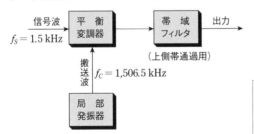

信号波 $f_S = 1.5$ kHz → 平衡変調器 → 帯域フィルタ（上側帯通過用）→ 出力

搬送波 $f_C = 1,506.5$ kHz

局部発振器

計算例

SSB波の上側波帯の周波数を求めればよいので、$f_C + f_S$ がその周波数成分となる。したがって、これに数値を代入して、

1,506.5 + 1.5 = 1,508

答え　1,508 kHz

(5) SSB 送信機の付属回路

SSB 送信機を快適に運用するための回路になります。

■ VOX

Voice Operated Transmission の略で音声による自動送受信切り換え回路のことです。マイクロフォンに向かって話すと送信状態になり、音声がとぎれると受信状態に切り換わります。トランシーバなどで用いられています。

② ALC

Automatic Level Control の略。SSB 送信機では電力増幅器に過大な入力が加わると、占有周波数帯幅が広がったり音声がひずんだりします。このような現象を防ぐため、自動的に入力レベルを一定にする回路をいいます。

③ スピーチクリッパ

SSB 送信機では、送信電力を大きくしようとして音声増幅器で増幅すると過変調による音声のひずみや占有周波数帯幅の広がりが生じます。このような現象を防ぐために、一定のレベルを超える強いピーク入力に対して超えた部分を切り取って、過変調を防止する回路をいいます。

▶▶▶ フォローアップ

フェージング
電波の伝わる状態の変化により、受信点で電波の強さが時間とともに大きくなったり小さくなったりする現象。

≡ チェック ≡

□ SSB 送信機の構成

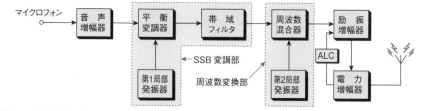

□ SSB 通信方式の長所
　①送信電力が経済的　　②フェージングの影響が少ない
　③占有周波数帯幅が DSB 送信機の 1/2

□ SSB 通信方式の短所
　①回路構成が複雑　　②調整が難しい　　③音質に多少難あり

3-4 FM送信機

【問題13】 間接 FM 送信機において、変調波を得るには、図の空欄部分に何を設ければよいか選びなさい。

(1) 位相変調器

(2) 周波数逓倍器

(3) 平衡変調器

(4) 緩衝増幅器

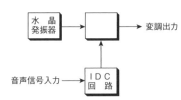

(1) FM送信機の構成

FM とは周波数変調のことで、FM送信機は搬送波を音声などの信号波で周波数変調して送信機から発射します。図のようにIDC回路と位相変調器を用いて、周波数変調を行う送信機を間接FM送信機といいます。

間接FM送信機の構成

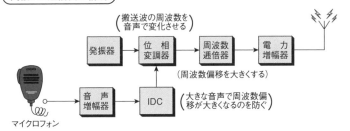

長所

・同じ周波数の妨害電波があっても、希望波の方が強ければ妨害電波は抑圧される。

・受信電波の強度が多少変化しても、受信出力は変わらない。

・雑音の多い場所でも良好な通信ができる。

・AM通信（DSB、SSB）方式に比べて、受信機出力の音質がよい。

短所

・占有周波数帯幅が広い。

・信号波の強さがある程度以下になると、雑音が多くなる。

FM 送信機では緩衝増幅器は用いないよ

⑵ FM送信機のしくみ 📶

　前ページに示したFM送信機の構成にそって、説明します。

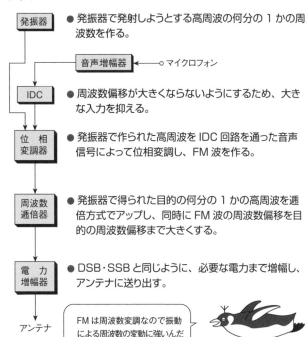

- **発振器** ● 発振器で発射しようとする高周波の何分の1かの周波数を作る。
- 音声増幅器 ○ マイクロフォン
- **IDC** ● 周波数偏移が大きくならないようにするため、大きな入力を抑える。
- **位相変調器** ● 発振器で作られた高周波をIDC回路を通った音声信号によって位相変調し、FM波を作る。
- **周波数逓倍器** ● 発振器で得られた目的の何分の1かの高周波を逓倍方式でアップし、同時にFM波の周波数偏移を目的の周波数偏移まで大きくする。
- **電力増幅器** ● DSB・SSBと同じように、必要な電力まで増幅し、アンテナに送り出す。
- アンテナ

FMは周波数変調なので振動による周波数の変動に強いんだ

解答

⑴ ▶ FM波は周波数変調なので、基本的にDSB波の振幅変調とは異なる。したがって、変調時にはIDC回路と位相変調器を用いる。

▶▶▶ **フォローアップ**
FMとDSB送信機の相違点
① FMでの変調は発振器、またはその次段で行い、DSBでは終段で行う。
② FMでは使用周波数がVHF帯以上なので、DSBに比較して逓倍段数が多い。
③ FMでは周波数偏移を一定値内に収めるようにIDCが必要。

≡ チェック ≡

□ **FM送信機の構成**

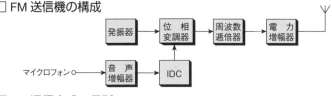

□ **FM通信方式の長所**
　①音質がよい
　②雑音の多い場所でも良好な通信ができる
□ **FM通信方式の短所**
　①占有周波数帯幅が広い
　②信号波の強さが限度より弱いと雑音が多くなる

3-5 電信送信機（3級用）

出題例

【問題14】電けん操作をしたとき、電信波形が図のようになる原因に当たるものを選びなさい。

(1) 電源のリプルが大きい。

(2) 寄生振動が生じている。

(3) 電けん回路のリレーにチャタリングが生じている。

(4) キークリックが生じている。

(1)電信送信機の構成 🔔

DSB・SSB・FM送信機はすべて音声を用いて行う無線電話通信ですが、電信（A1A）送信機はモールス符号を用いて搬送波を断続して情報を伝送する無線電信通信です。電信送信機はCW送信機ともいいます。

電信送信機の構成

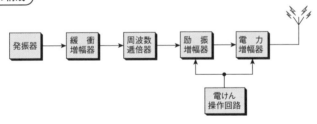

⑵電信送信機のしくみ 🎵

　電信（CW）送信機は搬送波の断続のみで符号を送ります。回路は非常に単純で、特徴は電けん操作回路があることです。基本の動作はDSB送信機と同じです。

⑶電信送信機の異常波形 🎵

　電信送信機に何らかのトラブルが発生すると、下図のような異常波形が生じます。

異常波形	その主な原因
●キークリック 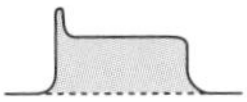	電けん回路のフィルタが不適当
●チャタリング 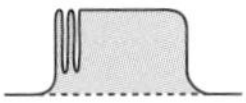	電けん回路のリレー調整不良
●電圧変動率が大きい 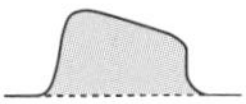	電源の電圧変動率が大きすぎる（電源の容量不足）
●リプル 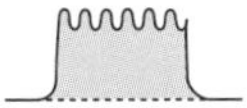	電源平滑回路の容量不足、または平滑回路の作用不完全
●寄生振動 	寄生振動が発生している

解答

⑶▶送信機に内蔵された電磁リレーの接点不良や、接点ギャップの調整不良によって起こる誤動作をチャタリングという。

▶▶▶ メモ

CW
Continuous Wave の略。モールス通信（電信）のこと。

▶▶▶ フォローアップ

電信送信機の特徴
①小さい電力でも遠距離通信が可能。
②A1A電波は混信に強い。

ブレークイン方式
これは電信送信機の機能で、電鍵を押すと自動的に送信状態となり、離すと受信に切り換わる方式。

≡ チェック ≡

□ **電けんの接点不良の場合**
　①符号が抜ける
　②符号が崩れる
□ **リレーの調整不良**
　チャタリングで符号が崩れる。
□ **波形がとび出している場合**
　キークリック

右側縦タブ：1 無線工学の基礎／2 電子回路／3 送信機／4 受信機／5 電源／6 電波伝搬とアンテナ／7 電波障害／8 測定器

4 受信機

4-1 受信機の構成

【問題15】 スーパヘテロダイン受信機の周波数変換部の作用として、正しいものを選びなさい。

(1) 受信周波数を音声周波数に変える。

(2) 受信周波数を中間周波数に変える。

(3) 音声周波数を中間周波数に変える。

(4) 中間周波数を音声周波数に変える。

(1) 受信機の種類と分類

　受信機とは、空中を飛び回っている無数の電波の中から希望する電波だけを取り出し、その中に含まれている音声や信号を再現する装置です。また、受信機は送信機と対になっているので、送信機の通信方式に対応する受信機があります。

　受信機の種類は、回路構成・電波型式・受信周波数などの違いによって、以下のように分類されます。

1 回路構成による分類

・ストレート方式

・スーパヘテロダイン方式

2 電波型式による分類

・A3E……DSB

・J3E……SSB

・F3E……FM

・A1A……CW

3 周波数による分類

・中波………MF

・短波………HF

・超短波……VHF

　以上のような分類に従って送受信機をセットします。

スーパヘテロダイン受信機が主流だよ

送信機と受信機は、使用目的に合わせてワンセットで考えなければならないんだ

(2) 回路構成の比較 🔊

1 ストレート方式

　ストレート方式とは、受信した電波の周波数を変換せずに電波をそのまま高周波増幅し、復調器に入れてから低周波増幅してスピーカを鳴らす方式のことをいいます。

　このストレート方式は構造は簡単ですが、スーパヘテロダイン方式と比べると感度・選択度・安定度の点で劣ります。現在ではあまり用いられていません。

2 スーパヘテロダイン方式

　スーパヘテロダイン方式は、受信した電波を局部発振器からの出力と混合し、一度、中間周波数に変えてから増幅して復調する方式です。

　また、さらにもうひとつの局部発振器を付けて、別の中間周波数に変えてから増幅して復調する方式をダブルスーパヘテロダイン方式といいます。

　スーパヘテロダイン方式は、感度・選択度・安定度においてストレート方式より優れていますが、構造が複雑で影像周波数混信があり、局部発振器の出力が外に漏れるという欠点があります。

テレビやラジオ、アマチュア無線や衛星通信の受信機もスーパヘテロダイン方式だよ

解答

(2)▶受信周波数をそのまま増幅して復調するのがストレート方式。スーパヘテロダイン方式は、受信周波数を一度中間周波数に変換してから増幅して復調するのが特徴。

▶▶▶ メモ
ストレート方式の例
ラジオ放送が開始されたころ用いられたゲルマニウムラジオなどがこの方式。

▶▶▶ フォローアップ
スーパヘテロダイン方式の中間周波数
身近な受信機といえばラジオだが、AMラジオの中間周波数は455 kHz、FMラジオでは10.7 MHzとなっている。ただし、アマチュア無線用の受信機では必ずしもこの周波数にこだわらず、必要に応じて選ばれている。

(3) 受信機の一般的な構成 📶

アマチュア無線で用いる受信機のほとんどは、スーパヘテロダイン受信機です。斜線部分に何が入るかによって受信機の種類が決まります。

（スーパヘテロダイン受信機の構成）

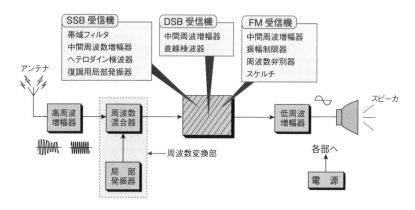

受信機の各部について簡単にまとめると、以下のようになります。

各部の名称	各部の役割
高周波増幅器	受信した信号を増幅する。 イメージ周波数選択度を向上させる。 局部発振器から不要な電波が発射されるのを防止する。
周波数変換器	受信した高周波を中間周波数に変換することによって、安全に増幅することができ、選択度をよくする。
帯域フィルタ	DSB ー6 kHz、SSB ー3 kHz、FM ー40 kHz の占有周波数帯幅の電波しか通さないようにする。
振幅制限器	FM 受信機にしかない。受信機に入った FM 変調波の振幅の変化を制限し、雑音を取り除く。
復調器	DSB 受信機——直線検波器 SSB 受信機——プロダクト検波器と、搬送波を作る復調用局部発振器 FM 受信機——周波数弁別器
スケルチ	FM 受信機にしかない。受信電波がないときの大きな雑音を取り除く。

4-1 受信機の構成

1 無線工学の基礎
2 電子回路
3 送信機
4 受信機
5 電源
6 電波伝搬とアンテナ
7 電波障害
8 測定器

(4) 受信機に必要な条件 🔊

　送信機と違い受信機には、電波法令に細かい規定はありません。受信機の性能がよくない場合でも、他局に迷惑をかける要素が少ないからです。しかし、無線通信は双方向の通信ですので、受信機の性能はよいものが必要となります。

　受信機に必要な条件は、以下のようなものです。

・感度がよい

　感度とは、どれくらい弱い電波まで受信できるかという性能を表す。

・選択度がよい

　選択度とは、目的の電波だけを選び出す能力を表す。

・安定度がよい

　安定度とは、受信機の受信周波数がずれていたりしない、安定な受信性能を表す。

・忠実度がよい

　忠実とは、相手局から送られてきた信号波を、できるだけ忠実に再生する性能を表す。

・不要発射がない

　スーパヘテロダイン受信機には発振器があり、この発振器の信号が電波となって発射されることがあるので、これを少なくする。

雷などの自然雑音、太陽などの宇宙雑音もあるんだ

=== チェック ===

□ スーパヘテロダイン受信機の心臓部
　周波数変換部……受信した高周波を中間周波数に変換し、選択度をよくする。
□ 受信機に必要な条件
　・感度がよいこと　　・選択度がよいこと　　・安定度がよいこと
　・忠実度がよいこと　・不要発射がないこと

4-2 DSB・SSB・FM受信機

出 題 例

【問題16】SSB（J3E）受信機において、SSB変調波から音声信号を得るためには、図の空欄に何を設ければよいか正しいものを選びなさい。

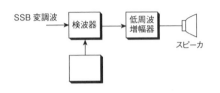

(1) クラリファイヤ（又はRIT）

(2) AGC

(3) スケルチ

(4) 復調用局部発振器

(1) DSB受信機・SSB受信機

DSB受信機とSSB受信機の構成は、ほとんど同じです。短波を使っている全世界のアマチュア局が最も多く使用しているのがSSB受信機です。

DSB受信機・SSB受信機の構成

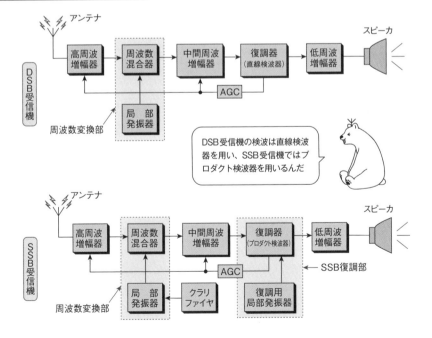

(2) SSB受信機のしくみ 🔊

前ページに示したSSB受信機の構成にそって、説明します。

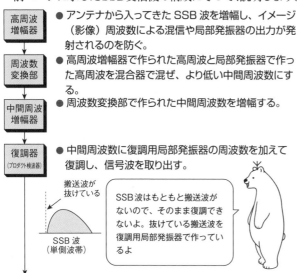

高周波増幅器
● アンテナから入ってきたSSB波を増幅し、イメージ（影像）周波数による混信や局部発振器の出力が発射されるのを防ぐ。

周波数変換部
● 高周波増幅器で作られた高周波と局部発振器で作った高周波を混合器で混ぜ、より低い中間周波数にする。

中間周波増幅器
● 周波数変換部で作られた中間周波数を増幅する。

復調器（プロダクト検波器）
● 中間周波数に復調用局部発振器の周波数を加えて復調し、信号波を取り出す。

搬送波が抜けている

SSB波（単側波帯）

> SSB波はもともと搬送波がないので、そのまま復調できないよ。抜けている搬送波を復調用局部発振器で作っているよ

低周波増幅器
● 復調された音声信号をスピーカを鳴らすために必要な電力まで増幅する。

スピーカ

(3) 受信機の付属回路 🔊

SSB受信機を快適に運用するための回路になります。

■ クラリファイヤ

クラリファイヤは、受信周波数がずれてスピーカから聞こえてくる音声信号がひずんでいる場合に、周波数変換部の局部発振器の周波数を微調整して、音声を明瞭にするものです。

■ AGC（Automatic Gain Control ＝自動利得制御）

自動音量調節を行うものです。弱い電波のときには感度を上げ、強い電波のときには感度を下げて、受信機の出力を常に一定に保つためのものです。これはフェージング（81ページ）などで受信電波の入力レベルが変わる場合などに役立っています。

解答

(4)▶ 復調用局部発振器は復調するための周波数を発振するもの。
AGCは音声出力を一定に保つもの。
クラリファイヤは受信周波数の微調整をするもの。
スケルチはFM受信機で使用するもので、電波の入感時のみ低周波増幅器を動作させて、電波のないときの雑音を消すもの。

▶▶▶ フォローアップ

イメージ（影像）周波数による混信

スーパヘテロダイン受信機に特有の現象のひとつ。局部発振周波数と中間周波数の関係によって、受信電波以外の異なる周波数の電波が受信されてしまう現象をいう。

▶▶▶ フォローアップ

DSBとSSBの復調の相違点

① DSB……中間周波増幅器のDSB波の振幅の変化から直線検波器により音声信号を取り出している。

② SSB……SSB波は搬送波がないので、復調用局部発振器により搬送波を再び作り出してからプロダクト検波器により音声信号を取り出している。

(4) FM受信機 🔊

FM受信機の高周波増幅器・周波数変換部・中間周波増幅器などは、DSB受信機やSSB受信機とほとんど変わりません。違うところは、振幅制限器・周波数弁別器・スケルチ回路などが入っている点です。

FM受信機の構成

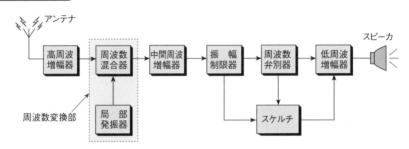

■ FM受信機のしくみ

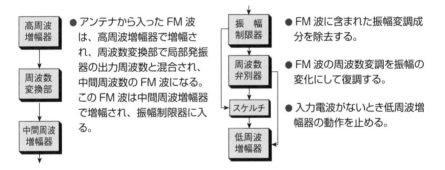

● アンテナから入ったFM波は、高周波増幅器で増幅され、周波数変換部で局部発振器の出力周波数と混合され、中間周波数のFM波になる。このFM波は中間周波増幅器で増幅され、振幅制限器に入る。

● FM波に含まれた振幅変調成分を除去する。

● FM波の周波数変調を振幅の変化にして復調する。

● 入力電波がないとき低周波増幅器の動作を止める。

≡ チェック ≡

☐ **DSBの復調**……直線検波器

☐ **SSBの復調**……プロダクト検波器

☐ **プロダクト検波器**
　SSB波の受信電波には搬送波がないので、検波前に再び搬送波を作って音声信号を取り出す回路。

☐ **FM受信機の特徴**
　①振幅制限器　②周波数弁別器　③スケルチ　　が付いている。

☐ **SSB受信機の特徴**
　クラリファイヤが付いている。

4-3　電信受信機（3級用）

1 無線工学の基礎

2 電子回路

3 送信機

4 受信機

5 電源

6 電波伝搬とアンテナ

7 電波障害

8 測定器

4-3　電信受信機（3級用）

出 題 例

【問題17】A1A 電波を受信する無線電信受信機の BFO（ビート周波数発振器）は、どのような目的で使用されるか、次の中から正しいものを選びなさい。

(1)　ダイヤル目盛を校正する。

(2)　通信が終わったとき警報を出す。

(3)　受信周波数を中間周波数に変える。

(4)　受信信号を可聴周波信号に変換する。

(1) 電信受信機の構成としくみ

電信のモールス符号は、DSB受信機にBFOを付けると受信できます。一般的には、SSB受信機が用いられます。しくみは、91ページの「SSB受信機のしくみ」を参照。

解 答

(4)

電信受信機の構成

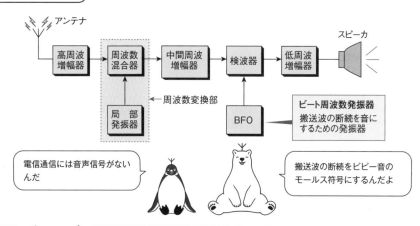

電信通信には音声信号がないんだ

ビート周波数発振器
搬送波の断続を音にするための発振器

搬送波の断続をピピー音のモールス符号にするんだよ

チェック

☐ 電信受信機

　DSB 受信機に BFO を付けたもの。

☐ BFO

　電信信号を聞きやすい可聴周波信号にするための発振回路。

4-4 受信機の異常現象と対策

出 題 例

【問題18】 スーパヘテロダイン受信機において、近接周波数による混信を軽減するには、どのようにするのが最も効果的か、次のうち正しいものを選びなさい。
(1) AGC回路を「断」(OFF)にする。
(2) 中間周波増幅部に適切な特性の帯域フィルタ(BPF)を用いる。
(3) 局部発振器に水晶発振回路を用いる。
(4) 高周波増幅器の利得を下げる。

(1) イメージ(影像)混信と近接周波数混信 🔊

電波を受信しているときに、他の電波が混入して受信が妨害される現象を混信といいます。混信には、受信したい周波数に近接した周波数の電波による混信や、受信機の特性により受信機内部で発生する混信などがあります。

■ イメージ(影像)混信と対策

イメージ(影像)混信は、スーパヘテロダイン受信機だけに起こる受信機内部で発生する混信です。スーパヘテロダイン受信機では、7,000 kHzを受信するときは、局部発振器で7,455 kHzの高周波を作り受信電波と混ぜ、両方の周波数の差である455 kHzを中間周波数として取り出すヘテロダイン方式が用いられます。その周波数混合部で混信が起こります。たとえば、7,910 kHzに別の電波があると、局部発振器の周波数との差が同じ455 kHz（7,910 − 7,455 = 455）ですから、受信電波と同様に中間周波となるので、結果として混信となります。

このような混信を起こす受信周波数から中間周波数の2倍だけ離れた電波の周波数をイメージ周波数(影像周波数)といいます。

対策●
・中間周波数を高くする。
・高周波増幅器の選択度を高める。
・右図のように、空中線入力回路にトラップを入れる。

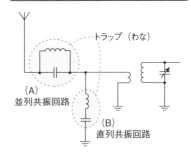

イメージ混信波を減衰させるトラップ

トラップ（わな）

(A) 並列共振回路

(B) 直列共振回路

前ページの図中の(A)・(B)の共振回路は、イメージ周波数に合わせます。(A)は*LC*共振回路が共振したときに共振周波数に対してインピーダンスが最大になることを利用し、(B)はその反対に最小になることを利用しています。

2 近接周波数混信と対策

近接周波数混信とは、受信したい周波数帯に近接した周波数の電波による混信のことをいいます。中間周波変成器(IFT)の調整が崩れると周波数帯域幅が広がり、近接周波数による混信が起こりやすくなります。

その対策●
・クリスタルフィルタなどの適切な特性の帯域フィルタ(BPF)を中間周波増幅部に用いて、周波数帯域幅を狭くする。
・中間周波変成器(IFT)の再調整をする。

3 雑音と対策

受信機の雑音には、自動車のイグニッション・雷などによる外部からの雑音とトランジスタや半導体から発生する雑音や熱雑音などによる内部の雑音があります。

その対策●
・受信機のアンテナ端子とアース端子を導線でつなぐ。このとき雑音が消えれば外部の雑音、消えなければ内部の雑音と判断される。その結果によって適宜対応する。

解答

(2)▶中間周波増幅部の中間周波変成器(IFT)の調整が崩れると周波数帯域幅が広がり、近接周波数による混信を受けやすい。これを防ぐには、クリスタルフィルタなどの適切な特性の帯域フィルタ(BPF)を用いる必要がある。

▶▶▶ **フォローアップ**
その他の異常現象
①シンギング
スピーカからピーという音が出ること。
②ハウリング
スピーカから出た音が部品を振動させ発振すること。
③モータボーティング
増幅回路を何段も重ねたとき、「ポッポ」や「ブルブル」という異常発振が起こること。

=== チェック ===

□ イメージ混信の対策
　①高周波増幅器の選択度を高める　②中間周波数を高くする
　③空中線入力回路にトラップを入れる
□ 近接周波数混信の対策
　①適切な特性の帯域フィルタ(BPF)を中間周波増幅部に用いる
　②中間周波変成器の再調整をする

5 電源

5-1 電源装置と電池

【問題19】 端子電圧6〔V〕、容量60〔Ah〕の蓄電池を3個直列に接続したとき、その合成電圧と合成容量の値の組合せとして、正しいものを選びなさい。

	合成電圧	合成容量
(1)	6〔V〕	60〔Ah〕
(2)	18〔V〕	60〔Ah〕
(3)	6〔V〕	180〔Ah〕
(4)	18〔V〕	180〔Ah〕

(1) 直流電源装置 🔊

無線機を作動させるのに必要な電気を供給するのが電源です。電気の供給源といえば、電力会社から送られてくるAC100 Vの交流電源がありますが、無線機を動作させるのに必要な電気は直流電源なので、交流を直流に変える直流電源装置が必要になります。

直流電源装置の構成

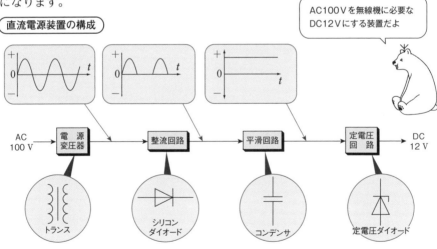

AC100Vを無線機に必要な
DC12Vにする装置だよ

1 電源変圧器

　変圧器は、電圧を変えるための装置です。下図のようなしくみで希望の電圧を取り出すことができます。

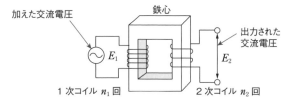

　1次コイルに加える電圧をE_1、2次コイルに発生する電圧をE_2、また1次コイルの巻数をn_1回、2次コイルの巻数をn_2回とすると、次のような関係式が成り立ちます。

$$E_1 : E_2 = n_1 : n_2$$

　コイルの巻数を調整することによって、2次側に希望する電圧を取り出すことができます。

2 整流回路

　整流回路の役目は、交流の⊕と⊖の方向を一方向にそろえることにあります。これにはシリコンダイオードを用います。前ページの構成図では交流の⊕側のみ（半波整流）に利用していますが、一般的には⊕と⊖の両方を整流して、⊖を⊕にして取り出す全波整流の方が使われています。

シリコンダイオード

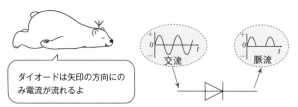

ダイオードは矢印の方向にのみ電流が流れるよ

解 答

(2) ▶ 3個直列接続したので、電圧は$6 \times 3 = 18$〔V〕、合成容量は変わらないので60〔Ah〕。

▶▶▶ フォローアップ

電源変圧器の計算例

2次コイルが10回巻いてある電源変圧器において、1次側にAC100 Vの電圧を加えたとき、2次側に5 Vの電圧が出力された。このときの1次側コイルの巻数は何回か。

[解答]

　1次コイルの巻数をn_1とすると、次の計算式が成り立つ。

$$100 : 5 = n_1 : 10$$

$$5n_1 = 1000$$

$$n_1 = \frac{1000}{5}$$

$$= 200$$

答え200回

確かに⊕の山のみ残った。これが半波整流だ

3 平滑回路

平滑回路は、整流回路で得られた脈流を滑らかにします。脈流のままでは直流電源として不完全なので、コンデンサの力をかり電圧の大きさも方向も一定の直流にします。

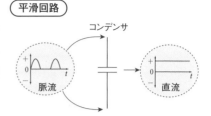

コンデンサは電気を蓄えるはたらきを持っています。脈流の変動する電気を蓄えながら、電圧が一定した直流の電気に整えます。ここで交流が直流になります。

4 定電圧回路

平滑回路の出力は直流になりますが、取り出す電流を増やすと出力が下がり、不安定になります。そこで、定電圧回路を用いて無線機用の直流電源として使える安定化された電圧を得るようにします。

(2) 電池 🔊

電池は直流電源のひとつとして、トランシーバなどのハンディ機を動作させるために必要です。

1 電池の種類と分類

・1次電池

中の電気がなくなると使えなくなってしまう電池。

例)マンガン乾電池・アルカリマンガン乾電池

・2次電池

充電することによって何度も使用できる電池。

例)ニッケル水素蓄電池・ニッケルカドミウム蓄電池・リチウムイオン蓄電池・鉛蓄電池

乾電池はどの型でも電圧は1.5 V だよ

ただし、鉛蓄電池は 2 V 。ニッケルカドミウム蓄電池は1.2 V だね

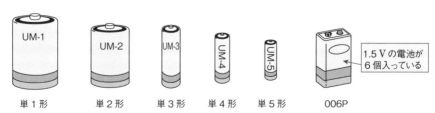

| 単1形 | 単2形 | 単3形 | 単4形 | 単5形 | 006P |

UM-1 UM-2 UM-3 UM-4 UM-5

1.5 V の電池が6 個入っている

2 電池のつなぎ方と合成電圧

　無線機が必要とする電圧は6V～14Vです。したがって、必要な電圧を得るためにはいくつかの電池をつないで使用します。

・乾電池の直列つなぎと合成電圧

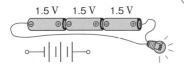

電圧は 1.5V×3 で 4.5V に上がるんだ

　電池を*n*個直列につなぐと、合成電圧は電池1個の電圧の*n*倍になります。合成容量は変わりません。

・乾電池の並列つなぎと合成電圧

（同じ種類の同じ電圧の電池）

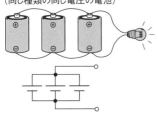

いくつつないでも 1.5V。ただ3個あるから合成容量は3倍になって、3倍長持ちするよ

　電池を*n*個並列につないでも、合成電圧は電池1個の電圧と同じです。合成容量は*n*倍になります。

▶▶▶ フォローアップ
電池の容量
電池からどれだけの電流を取り出せるかの能力を電池の容量という。
その容量は、取り出す電流の大きさと電流を取り出せる時間の積で表す。10時間を基準としている。
●40 Ah……4 Aの電流を取り出すなら10時間使える。10 Aの電流なら約4時間使える。

▶▶▶ メモ
電池使用上の注意
①蓄電池
　使用前に充電する。充電は決められた電圧や電流で行う。
②乾電池
　決められた規定電流以下で使用する。

≡ チェック ≡

□ 直流電源装置
　交流を直流に変える装置
□ 電池の種類
　①1次電池（乾電池）　②2次電池（蓄電池）
□ 蓄電池（公称電圧）
　ニッケル水素蓄電池（1.2 V）、ニッケルカドミウム蓄電池（1.2 V）、鉛蓄電池（2 V）、リチウムイオン蓄電池（3.6 V程度）
□ 電池の合成電圧の求め方
　①直列つなぎ……電池1個の電圧×*n*個（電圧が高くなる）
　②並列つなぎ……電池1個の電圧（電池が長持ちする）
□ 電池の容量
　取り出す電流の大きさ×取り出せる時間

5-2 直流電源装置

出 題 例

【問題20】図は、半導体ダイオードを用いた半波整流回路です。この回路に流れる電流の方向と出力電圧の極性との組合わせで、正しいものを選びなさい。

電流 i の方向　　出力電圧の極性

(1)　ⓐ　　　　　ⓒ

(2)　ⓐ　　　　　ⓓ

(3)　ⓑ　　　　　ⓓ

(4)　ⓑ　　　　　ⓒ

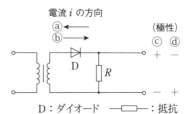

D：ダイオード　　━▭━：抵抗

(1) 交流から直流を得る直流電源装置 🔊

　交流電源から直流電源を得る直流電源装置について少し詳しく説明します。

　下図Aは半波整流回路です。ダイオードを1個用いた簡単な整流回路で、入力波形の半分だけ出力されるので、小型の電源装置に使われます。図Bは入力波形がすべて出力される全波整流回路で、一般にはこちらが使われています。

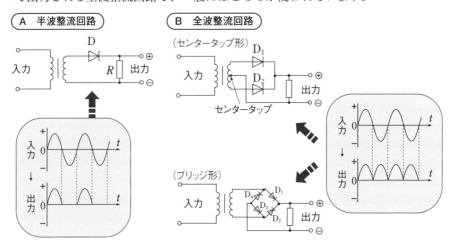

5-2　直流電源装置

1 無線工学の基礎
2 電子回路
3 送信機
4 受信機
5 電源
6 電波伝搬とアンテナ
7 電波障害
8 測定器

1 電圧変動率

　直流電源装置では、無線機などの負荷をつないで大きな電流が流れると電圧が下がってしまいます。このとき極端に電圧が下がると、無線機を正常に動作させることができなくなります。

　このような電圧の変動を**電圧変動率**として表します。電圧変動率の少ないものほどよい電源です。無負荷のときの出力をE_0、負荷(定格負荷)をつないだときの出力電圧をE_Lとすると、電圧変動率は次のように表すことができます。

$$電圧変動率 = \frac{E_0 - E_L}{E_L} \times 100 \ (\%)$$

2 リプル含有率

　直流電源装置で交流を直流に直す際に、平滑回路で除去し切れない交流部分が残ってしまいます。この残った交流分のことを**リプル**といいます。**リプル含有率**とは、直流出力の中にどれだけ交流分のリプルが残っているかを表すものです。電圧変動率と同じく、直流電源装置の性能を表します。直流分をE_{DC}、交流分をE_{AC}とすると、次のように表します。

$$リプル含有率 = \frac{E_{AC}}{E_{DC}} \times 100 \ (\%)$$

解答

(4)▶ この回路の電流は、Rの上から下へ流れているので、極性は上が⊕となる。

半波整流回路は、ダイオードが1個。全波整流回路はダイオードが2個または4個だよ

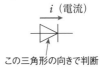

ダイオードは、電流の流れる方向が決まっていて、逆方向には流れないよ

i（電流）

この三角形の向きで判断

≡ チェック ≡

□ **全波整流回路**
　①センタータップ形(ダイオード2個)　　②ブリッジ形(ダイオード4個)

□ **電圧変動率**
　$電圧変動率 = \frac{E_0 - E_L}{E_L} \times 100 \ (\%)$

□ **リプル含有率**
　$リプル含有率 = \frac{E_{AC}}{E_{DC}} \times 100 \ (\%)$

6 電波伝搬とアンテナ

6-1 電波発生のしくみ

出題例

【問題21】電波の波長を λ〔m〕、周波数を f〔MHz〕とした場合、次の式の ☐ 内に当てはまる数字を選びなさい。

$$x = \frac{\boxed{}}{f} \text{〔m〕}$$

(1) 300　　(2) 400　　(3) 600　　(4) 800

(1) 垂直偏波と水平偏波 🔊

電波はどのように発生するのでしょうか。ここではそのしくみを説明します。

1 電波は電磁波の一種

導線に高周波電流を流すと、導線の周りに電界や磁界ができます。ここで発生した電界や磁界は、互いに影響し合いながら空間を伝わって飛んでいきます。この電界や磁界がいっしょに空間を伝わっていく波のことを電磁波といいます。つまり、電波は電磁波の一種ということになります。

下図は、電波が出ていくようすを表したものです。導線に図の実線のように上から下に電流が流れたと仮定します。すると右ねじの法則によって、磁力線が発生し、磁界ができます。電流が図の点線のように下から上に流れた場合には、磁力線の向きは反対になります。

電波が空間を伝わっていくようす

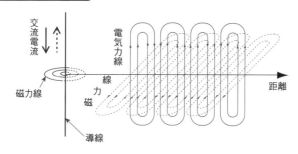

しかし、それだけでは磁力線は発生しても電波は飛び出しません。磁力線の数が変化すると、空間に誘導起電力による電界（電圧）が生じ、仮想な電流（変位電流）となります。さらに、空間を導体とする仮想な電流（変位電流）も、導体の中を流れる電流（伝導電流）と同じように磁界が発生します。

導線のまわりに発生した磁界が空間に電界を作り、そしてその電界が変位電流として、さらに磁界を発生させるという繰り返しが起こり、ついに電波となって空間に飛び出していくというわけです。

電界と磁界で表した電波

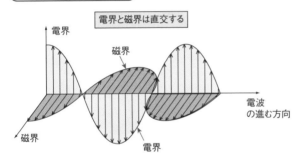

電界と磁界は直交する

電界

磁界

電波の進む方向

磁界

電界

2 垂直偏波と水平偏波

電波には、垂直偏波と水平偏波の2つがあります。垂直偏波は、電界が大地に対して垂直方向に向いている電波のことをいいます。また、水平偏波は電界が大地に対して水平方向に向いている電波のことをいいます。

垂直偏波と水平偏波

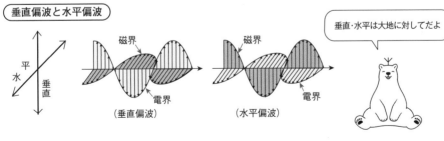

水平　垂直

磁界　電界　（垂直偏波）

磁界　電界　（水平偏波）

垂直・水平は大地に対してだよ

解答

（1）▶電波は光と同じで1秒間に30万km＝3億m進む。MHzのMは100万のことなので、3億÷100万でちょうど300になる。

▶▶▶ **メモ**

その他の電磁波
電波や光のほかに、X線、ガンマ線などがある。

▶▶▶ **フォローアップ**

アンテナと垂直・水平偏波
アンテナから発射される電波が垂直偏波になるか水平偏波になるかは、アンテナが大地に対してどのように向いているかによる。重要なのは、送信側と受信側との偏波面を合わせることである。

---

1 無線工学の基礎

2 電子回路

3 送信機

4 受信機

5 電源

6 電波伝搬とアンテナ

7 電波障害

8 測定器

(2) 電波の伝わる速さ、周波数・波長

　電波が空間を伝わる速さは、1秒間におおよそ30万kmです。これは光の速さと同じです。磁界と電界の繰り返しは、導線に流れる高周波電流の繰り返しによって生じるので、その高周波の周期や周波数と一致します。

　周波数とは、1秒間に1周期の繰り返しが何回行われるのかを表すものでした。したがって、電波が1秒間に進む30万km（3×10^8〔m〕）を周波数で割れば、電波の1周期の繰り返しの長さが求められます。この長さが波長です。

　電波の速さ・周波数・波長の関係を式で表すと、次のようになります。

$$波長 \lambda 〔m〕 = \frac{電波の速さ}{周波数}$$

$$= \frac{3 \times 10^8 〔m/s〕}{f〔Hz〕}$$

7.5周/秒

> 光と電波は、1秒間に3億メートル、地球を7周半する速さだ

　メガヘルツ（MHz）の単位の場合は、分子が300となるので覚えやすく計算が簡単です。

$$波長 \lambda 〔m〕 = \frac{300}{周波数 f 〔MHz〕}$$

　また、電波の波長から周波数を求める場合は、次のような式になります。

$$周波数 f 〔MHz〕 = \frac{300}{波長 \lambda 〔m〕}$$

> 10^8の「8」は指数を表して、0が8つある数の100,000,000を表すんだよ

　電波の周期（T）と波長（λ）

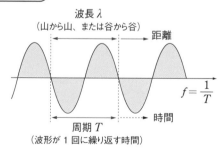

波長 λ
（山から山、または谷から谷）

距離

$f = \frac{1}{T}$

時間

周期 T
（波形が1回繰り返す時間）

1 無線工学の基礎
2 電子回路
3 送信機
4 受信機
5 電源
6 電波伝搬とアンテナ
7 電波障害
8 測定器

(3) 電波の分類と用途 🔊

電波は、周波数によって下の表のように分類されています。

略称（通称）	周波数	波長	アマチュアバンド	主な用途
LF（長波）	30 kHz を超え300 kHz 以下	10 km 未満1 km まで	135 kHz	標準電波（電波時計）などの長距離通信
MF（中波）	300 kHz を超え3,000 kHz 以下	1,000 m 未満100 m まで	475 kHz、1.9 MHz	ラジオ放送・船などの中距離通信
HF（短波）	3 MHz を超え30 MHz 以下	100 m 未満10 m まで	3.5、3.8、7、10、14、18、21、24、28 MHz	外国向け放送・船などの長距離通信
VHF（超短波）	30 MHz を超え300 MHz 以下	10 m 未満1 m まで	50、144 MHz	陸上・海上・航空移動などの近距離通信・FM 放送など
UHF（極超短波）	300 MHz を超え3,000 MHz 以下	1 m 未満10 cm まで	430、1,200、2,400 MHz	陸上移動などの近距離通信・携帯電話・デジタルテレビなど
SHF（マイクロ波）	3 GHz を超え30 GHz 以下	10 cm 未満1 cm まで	5.6、10.1、10.4、24 GHz	携帯電話・衛星通信・固定通信など
EHF（ミリ波）	30 GHz を超え300 GHz 以下	1 cm 未満1 mm まで	47、77、135、249 GHz	衛星通信・レーダ

チェック

☐ 電波の偏波
　①垂直偏波　②水平偏波
☐ 電波の波長
　$\lambda\,[m] = 300 \div$ 周波数 $f\,[MHz]$
☐ 電波の周波数
　$f\,[MHz] = 300 \div$ 波長 $\lambda\,[m]$

6-2 アンテナのしくみ

【問題22】 高さが10 mの$\frac{1}{4}$波長垂直接地アンテナの固有波長は、次のうちどれか。

(1) 2.5 m　　(2) 5 m　　(3) 20 m　　(4) 40 m

(1) アンテナの共振 🔊

電波を効率よく発射するためには、アンテナを共振させて動作させます。共振の原理とアンテナの共振について説明します。

1 共振の原理

右図は、固定したゴムひもにゆっくりした振動から、しだいに速い振動を与えたときのようすを表したものです。ひもの振れ方を見ると、CとEが大きく振れています。この大きく振れている状態を共振しているといいます。つまり、ある長さのゴムひもには、ある特定の共振周波数があるということがいえます。そして共振したときが、最もよく周りの空気を振動させることができます。この共振現象は、アンテナと電波の周波数の関係にも当てはまります。

振動が速いからといって、振れも大きくなるとは限らないよ

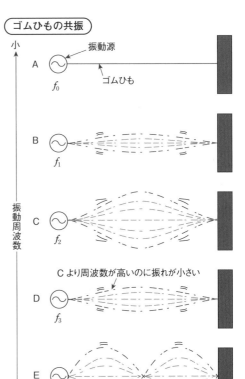

ゴムひもの共振

小 ← 振動周波数 → 大

A　f_0　振動源　ゴムひも

B　f_1

C　f_2

Cより周波数が高いのに振れが小さい

D　f_3

E　f_4

2 アンテナの共振

　無線局で送受信に用いられるアンテナは、導線の長さなどを変えて、使用する電波の周波数に共振させます。

　送信の場合はアンテナの電流が最大になったとき、共振したといいます。これは、アンテナが高周波電流に対して一種の直列共振回路(導線とアース、または導線と導線との間のコンデンサのはたらきCと、導線のインダクタンスL、さらに電力としてはたらく放射抵抗Rが直列になる)であると考えられるからです。

　したがって、アンテナの長さなどを変えると、ある周波数のところでアンテナの電流が最大になったり、受信感度が最大になったりします。このように、いろいろな電波の周波数にアンテナを共振させることができるのです。

3 アンテナの種類

　アンテナは、次の2つに大別されます。

・接地アンテナ

　1本の導線を地面に垂直に立て、その下の点とアースの間に送受信機をつなぐアンテナ。

・ダイポールアンテナ

　1本の導線を地面に水平または垂直に張り、その中間に給電線を通して、送信機や受信機をつなぐアンテナ。

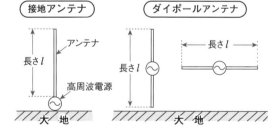

| 接地アンテナ | ダイポールアンテナ |

解 答

⑷ ▶ 固有波長は高さの4倍なので10 × 4 = 40 [m]。

▶▶▶ メモ

同じ意味で使われることば
①アンテナと空中線
②共振と同調
③共振回路と同調回路

▶▶▶ フォローアップ

給電点
アンテナに給電線を接続する位置を給電点という。

接地アンテナは地面に垂直、ダイポールアンテナは地面に水平。ただし、垂直にするダイポールアンテナもあるよ

4 接地アンテナの共振

　給電点の片方を大地に接地した**接地アンテナ**は、アンテナ線が垂直に立ててあるところから、**垂直接地アンテナ**とも呼ばれます。このアンテナは、送信するときには送信機の出力を図の高周波電源がある給電点のところに加えます。また受信のときには、高周波電源がある給電点のところに電圧が生じ、それを受信機に導きます。

　接地アンテナに高周波電流を流すと、多くの周波数で共振します。この共振する周波数の中で最も低い周波数をそのアンテナの**固有周波数**といい、そのときの周波数の波長を**固有波長**といいます。

　接地アンテナの場合には、1/4波長アンテナが基本になります。このアンテナは、アンテナの長さと、アンテナに送られる高周波の持つ波長の1/4の長さが等しくなったときに共振が起こります。

　たとえば、アンテナに7MHzの高周波を送った場合の共振を考えてみましょう。

$$波長 = \frac{300}{周波数〔MHz〕} = \frac{300}{7} \fallingdotseq 43〔m〕$$

となりますので、その1/4の長さの約10mのアンテナに共振することになります。

　アンテナの各部の電圧と電流分布は、アンテナの先端で電流最小・電圧最大、給電点で電流最大・電圧最小となります。

接地アンテナの共振

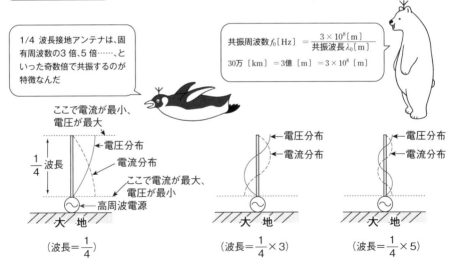

1/4 波長接地アンテナは、固有周波数の3倍、5倍……、といった奇数倍で共振するのが特徴なんだ

$$共振周波数 f_0〔Hz〕 = \frac{3 \times 10^8〔m〕}{共振波長 \lambda_0〔m〕}$$

30万〔km〕＝3億〔m〕＝3×10^8〔m〕

ここで電流が最小、電圧が最大

$\frac{1}{4}$波長

電圧分布
電流分布

ここで電流が最大、電圧が最小

高周波電源

大　地

（波長＝$\frac{1}{4}$）

電圧分布
電流分布

大　地

（波長＝$\frac{1}{4} \times 3$）

電圧分布
電流分布

大　地

（波長＝$\frac{1}{4} \times 5$）

🔟 ダイポールアンテナの共振

　ダイポールアンテナは、高周波電源を中心にしたアンテナの左右全体の長さと、送られた高周波の波長の1/2の長さが等しくなったときに共振します。電流と電圧の分布は、給電点で電流最大・電圧最小、先端で電流最小・電圧最大となります。

> 1/2波長のアンテナは、1/4波長アンテナを2本つないでいることになるんだ
> $$\frac{1}{4} + \frac{1}{4} = \frac{1}{2}$$

【 ダイポールアンテナの共振 】

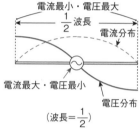
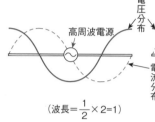

　このアンテナは、上図にも示したとおり、1/2波長の2倍、3倍、4倍……の周波数でも共振します。また、1/2波長のアンテナが共振するときの固有周波数 f_0 は、次の式で表されます。

　実効インダクタンス L_e、実効静電容量 C_e とすると、

$$固有周波数 f_0 = \frac{1}{2\pi\sqrt{L_e C_e}}$$

となります。

(2) 延長コイルと短縮コンデンサ (3級用) 🔊

　延長コイルと短縮コンデンサは、アンテナの長さを変えずに、アンテナの電気的性質を変えることによって、実質的長さを調節し、アンテナを使いたい電波に共振させることができます。

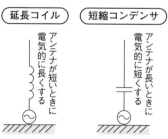

▶▶▶ 【 フォローアップ 】

アンテナの計算例

① 波長10 mの電波の周波数 x を求めよ。
[解答]

周波数 $= \dfrac{300}{波長}$ から、

$$x = \frac{300}{10}$$
$$= 30$$

答え　30 MHz

② 14 MHz用の1/2波長アンテナの長さ x を求めよ。
[解答]

アンテナの長さは、波長の1/2なので、

$\dfrac{300}{周波数} \times \dfrac{1}{2}$ から、

$$x = \frac{300}{14} \times \frac{1}{2}$$
$$= \frac{150}{14} \fallingdotseq 11$$

答え　約11 m

右側タブ: 1 無線工学の基礎 / 2 電子回路 / 3 送信機 / 4 受信機 / 5 電源 / 6 電波伝搬とアンテナ / 7 電波障害 / 8 測定器

(3) 給電点インピーダンスと放射抵抗 🔊

　アンテナのエネルギー供給源は送信機です。実際には、アンテナに給電線がつながれ、送信機から高周波電力が供給されます。

◼ 給電点インピーダンス

　電力をアンテナに直接供給するところを**給電点**といい、給電点で電流が最大となる給電の方法を**電流給電**といいます。

　そして、このとき電力放射されることの等価的な抵抗を**放射抵抗**または**給電点インピーダンス**といいます。給電点インピーダンスはアンテナによって決まります。

・1/4波長接地アンテナ

　給電点インピーダンス約36 Ω

・1/2波長ダイポールアンテナ

　給電点インピーダンス約73 Ω

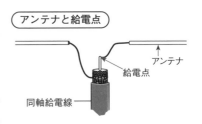

アンテナと給電点

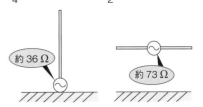

給電点インピーダンス

◼ 放射抵抗

　アンテナに高周波電流を流すと電力を消費します。電力を消費するものとして、いろいろな抵抗分（実効抵抗）が考えられますが、実際に電波を出すのに役立つのは、**放射抵抗**といわれるものだけです。その他の抵抗は、電力を熱に変えて無駄に消費してしまいます。このように、アンテナには電波を出すのに必要な放射抵抗と、不要な損失抵抗とがあることになります。

　また、アンテナに送られる電力と、実際にアンテナから放射される電力の比を**放射効率**といいます。アンテナや送信機の調整が悪いと、この効率が悪くなってしまいます。

　そこで、アンテナから効率よく電波を放射させるには、

・放射抵抗を大きくする

・アンテナ自身の損失抵抗を少なくする

の2点が重要になります。

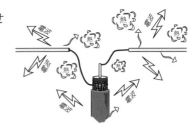

(4) 指向性 🔊

アンテナから発射された電波が、どの方向にどれくらいの強さで発射されているかを表すのが指向特性です。

【ダイポールアンテナの指向特性】

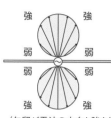

水平面の指向特性

強　　強
弱　　弱
弱　　弱
強　　強

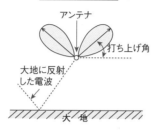

垂直面の指向特性

アンテナ
打ち上げ角
大地に反射した電波
大　地

（矢印が電波の方向と強さを表す）

ダイポールアンテナを例にとると、実際のアンテナからは電波が四方八方に飛び出していて、どの方向にどれくらいの強さで電波が発射されているのかが表せません。

指向性を考えるときには、大地に対して水平な面の水平面指向特性と、垂直面の垂直面指向特性に分けて表します。

上図右の垂直面指向特性では、アンテナから発射された電波と、大地で反射された電波が合成されるため、指向性が上を向いて打ち上げ角というものが生じます。

アマチュア無線でよく用いられる八木アンテナは、ある特性の方向に電波が強く発射されます。このようなアンテナを指向性アンテナといいます。

▶ ▶ ▶ フォローアップ

接地アンテナの指向特性

水平面指向特性

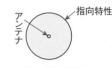

アンテナ
指向特性

360°同じ強さで発射

垂直面指向特性

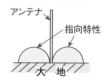

アンテナ
指向特性
大　地

▶ ▶ ▶ フォローアップ

八木アンテナの指向特性

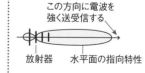

この方向に電波を強く送受信する
放射器　　水平面の指向特性

≡ チェック ≡

☐ **接地アンテナ**……長さが1/4波長の奇数倍に共振する。
☐ **ダイポールアンテナ**……長さが1/2波長の奇数倍に共振する。
☐ **短縮コンデンサ**……アンテナを電気的に短くする。
☐ **延長コイル**……アンテナを電気的に長くする。

1 無線工学の基礎
2 電子回路
3 送信機
4 受信機
5 電源
6 電波伝搬とアンテナ
7 電波障害
8 測定器

6-3　実際のアンテナ

出 題 例

【問題23】八木アンテナについての説明のうち、誤っているものを選びなさい。

(1)　接地アンテナの一種である。

(2)　反射器・放射器及び導波器で構成されている。

(3)　指向性アンテナである。

(4)　導波器の素子数の多いものは指向性が鋭い。

(1) アンテナの種類と特徴 🔊

　アマチュア無線のアンテナの種類は、1/4波長接地アンテナ、ブラウンアンテナ、1/2波長ダイポールアンテナ（半波長ダイポールアンテナ）、八木アンテナなどがあります。

■ 1/4波長接地アンテナ

　構造は、接地アンテナで、使い方は、1/4波長の長さの導線を地面に垂直に立て、その下の点とアースとの間に送受信機を入れて使います。

■ ブラウンアンテナ

　グランドプレーンアンテナともいいます。電波の出る部分（放射エレメント）は、1/4波長で、地面に垂直になります。アースの代わりに4本のラジアル線を使用し、地面より高いところに架設して同軸ケーブルで給電します。

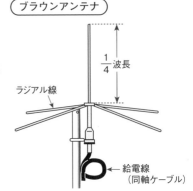

ブラウンアンテナ

$\frac{1}{4}$波長

ラジアル線

給電線
（同軸ケーブル）

■ 1/2波長ダイポールアンテナ

　構造は長さが1/2波長のダイポールアンテナで、半波長ダイポールアンテナともいいます。アンテナに同軸ケーブルで直接給電する場合には、同軸ケーブルから電波が出たり指向性がゆがんだり、導線上の電流分布が給電点の右と左で違ったりすることがあります。

　そこで、バランを入れてこの問題を解消します。

1 無線工学の基礎
2 電子回路
3 送信機
4 受信機
5 電源
6 電波伝搬とアンテナ
7 電波障害
8 測定器

4 八木アンテナ（八木・宇田アンテナ）

八木アンテナは、テレビ受信用としても多く使われています。構造は、1/2波長ダイポールアンテナを放射器として、その後ろに1/2波長ダイポールアンテナより長い導線が反射器として置かれます。また、放射器の前に1/2波長ダイポールアンテナより短い導線が導波器として1本以上置かれます。

放射器・反射器・導波器は、それぞれをエレメントともいい、放射器・反射器は1本で、導波器の数を増やしたものを3エレメント八木アンテナ・4エレメント八木アンテナと呼んでいます。また、八木アンテナは、導波器の方向にのみ強く電波を放射させる単一指向特性を持ち、ビームアンテナともいわれます。

エレメントと指向性の関係をみると、エレメントが多くなるほど指向性が鋭くなり、電波の強さも強くなる性質があります。ただし、あまり増やしてもそれほどの効果は得られません。

給電するのは、放射器のみです。ふつうの八木アンテナは1つの周波数にしか使えませんが、それぞれのエレメントの左右の中央に*LC*並列共振回路で構成されたトラップを入れ、2バンドや3バンドに使えるようにしたものを、トラップ入り八木アンテナと呼んでいます。

解 答

⑴ ▶ 八木アンテナはダイポールアンテナで構成される。単一方向の指向性アンテナ。

八木アンテナの構成

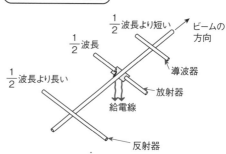

$\frac{1}{2}$波長より短い
$\frac{1}{2}$波長
$\frac{1}{2}$波長より長い
ビームの方向
導波器
放射器
給電線
反射器

エレメントの違いによる指向特性

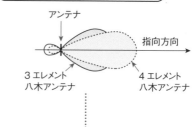

アンテナ
指向方向
3エレメント八木アンテナ
4エレメント八木アンテナ

≡ チェック ≡

□ ダイポールアンテナの指向……8字形の特性
□ 八木アンテナの特徴
　　①単一指向特性　　②導波器を増やすと指向性が鋭くなる
　　③導波器の方向に指向性を持つ

6-4 給電線と接地

出 題 例

【問題24】給電線の特性のうち、適切でないものを選びなさい。

(1) 電波が放射できること。

(2) 損失が少ないこと。

(3) 特性インピーダンスが一定であること。

(4) 外部から電気的影響を受けないこと。

(1) 給電線 🔊

給電線で大切なことは、送信機からの電力やアンテナからの受信電圧を損失なくアンテナや受信機に送ることができるかということです。給電線自体から電波が放射されると損失が起こります。

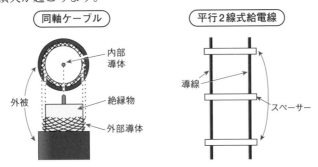

給電線には、上図のようなものがあります。アマチュア無線では同軸ケーブルが使用されます。テレビに使用されるのも同軸ケーブルです。平行2線式給電線はほとんど使用されませんが、給電線の基本となります。

1 給電線の特性インピーダンス(Z_0)

給電線には、それぞれ特性インピーダンス(Z_0)があります。たとえば同軸ケーブルには、特性インピーダンスが、50 Ωと75 Ωのものがあります。そして50 Ωの同軸ケーブルには3D2V・5D2Vといったものがあります。また、75 Ωのものには3C2V・5C2Vなどがあります。これらの型名のうちDとCの違いで特性インピーダンスがわかるようになっています。

なお、テレビに使用される同軸ケーブルの特性インピーダンスは75Ωです。一方、平行2線式給電線の方は、その作り方によって数100Ω～数1,000Ωにもなります。

送信機と給電線にアンテナをつなぐと、下図のようになります。

送信機・給電線・アンテナの接続

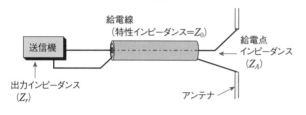

送信機には出力インピーダンス(Z_r)、給電線には特性インピーダンス(Z_0)、アンテナには給電点インピーダンス(Z_A)があり、これらは深く関係しています。

たとえば、3つのインピーダンスの間に、$Z_r=Z_0=Z_A$ が成立すると、送信機からの電力は給電線を通って有効にアンテナに供給されます。このような状態を送信機と給電線、給電線とアンテナの間の整合(マッチング)がとれたといいます。

給電線と整合

（整合のとれていない状態）

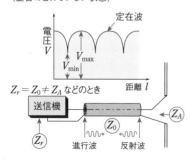

$Z_r=Z_0\neq Z_A$ などのとき

（整合のとれた状態）

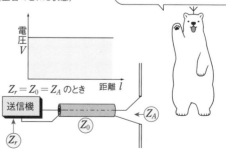

$Z_r=Z_0=Z_A$ のとき

整合がとれると、どこをとっても電圧は同じになるよ

解答

(1) ▶ 給電線からは、電波が放射されてはならない。

▶▶▶ **フォローアップ**

給電線に必要な条件
① 高周波エネルギーを無駄なく伝送する。
② 特性インピーダンスが均一である。
③ 給電線から電波が放射されない。
④ 損失が少ない。
⑤ 外部から電気的影響を受けない。

▶▶▶ **メモ**

インピーダンスZ_0の求め方

給電線を伝送する進行波または反射波電圧をV、電流Iとすると、

$$Z_0 = \frac{V}{I}\ [\Omega]$$

これは、オームの法則で学習したR(抵抗)の求め方と同じである。

　アンテナの整合がとれていないと、送信機から給電線に送り込まれた電力の一部がアンテナで反射され、給電線を通って送信機の方に送り返されてしまいます。そうすると、給電線上の電圧や電流は、送信機からアンテナへ向かう進行波と、アンテナから反射されて送信機に戻る反射波の合成されたものとなってしまいます。その結果が、定在波として現れます。

2 電圧定在波比 (SWR) と整合回路

　送信機・給電線・アンテナの整合がどのくらいとれているかを表すのが、**電圧定在波比 (SWR)** と呼ばれるものです。SWRは、正確にはVSWRですが、SWRともいっています。

　SWRは、115ページ「給電線と整合」の図の定在波電圧V_{max}とV_{min}から、

$$\text{SWR} = \frac{V_{max}}{V_{min}}$$

で表されます。整合のとれた状態では、$V_{max} = V_{min}$で、SWR＝1となります。

　SWRは1より小さくなることはありませんが、もし進行波が全部反射されてしまうことがあれば、その値は無限大になります。

　給電線のインピーダンスZ_0とアンテナのインピーダンスZ_Aが異なる場合には、給電線とアンテナの間に整合回路を入れます。$Z_0 = 50\,\Omega$、$Z_A = 300\,\Omega$ならば、給電線側は$50\,\Omega$、アンテナ側は$300\,\Omega$になるようにします。

整合回路

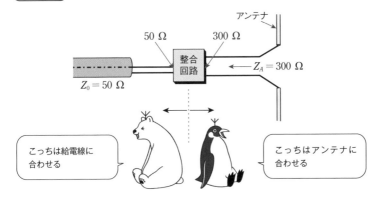

(2) 接地（アース）

接地アンテナでは接地もアンテナの一部です。接地抵抗が高いと送信機からの電力がロスする割合が高くなります。したがって、接地抵抗の小さい接地方式をとる必要が出てきます。

たとえば、1/4波長接地アンテナの実効抵抗には放射抵抗と接地抵抗があります。放射抵抗が36Ωとかなり小さいために、アンテナの効率は接地抵抗に大きく左右されます。つまり、接地抵抗が大きいと損失が多くなり電波が十分に放射されません。

▶▶▶ メモ
アースの２つの役割
①アンテナからの電波の飛びをよくし、受信をよくする。
②AC100 Vからの電撃防止としての保安用のはたらき。なお、アースの良否は接地抵抗の大小で判断する。

いろいろな接地方式

〈深掘接地〉 〈放射状接地〉 〈カウンターポイズ〉

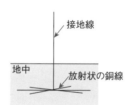
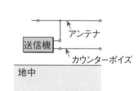

・深掘接地

　銅棒や銅板などを地中深く埋設。

・放射状接地

　銅線などを放射状に埋設。

・カウンターポイズ

　大地と平行に導線を張り、大地と導線の間の静電容量で接地の効果を持たせる。

≡ チェック ≡

- □ アンテナと給電線の整合……$Z_r=Z_0=Z_A$ のとき。
- □ SWR（電圧定在波比）……$V_{max} \div V_{min}=1$ のとき最良。
- □ 給電線……同軸ケーブル、平行2線式給電線。
- □ 接地の種類……①深掘接地　②放射状接地　③カウンターポイズ

1 無線工学の基礎
2 電子回路
3 送信機
4 受信機
5 電源
6 電波伝搬とアンテナ
7 電波障害
8 測定器

6-5 電離層と電波の伝わり方

出 題 例

【問題25】次の文中の（　　　）に当てはまる字句の組み合わせのうち、正しいものを選びなさい。

電波が電離層を突き抜けるときの減衰は、周波数が低いほど（　A　）、反射するときの減衰は、周波数が低いほど（　B　）なる。

	A	B		A	B
(1)	大きく………	大きく	(2)	小さく………	大きく
(3)	大きく………	小さく	(4)	小さく………	小さく

(1) 電離層と電波 🔊

電離層と電波の関係

VHF や UHF は、ほとんど電離層を突き抜けるんだよ

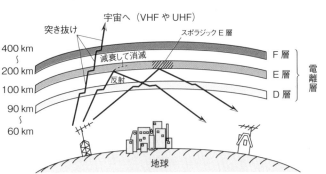

アマチュア無線の短波帯の通信では、10 W の小さな電力でも遠い外国と通信できることもあれば、100 W の電力をもってしても日本国内でも通信できないことがあります。これらの現象の原因は、電離層によるものです。

電離層とは、地上数 10 km から数 100 km にできる薄い気体の層です。太陽からの放射線や光などのエネルギーによって、この層の気体分子中の電子がはじき出され、イオンと電子に分かれます。

また、電離層は太陽の活動と深く関わっていて、時間や季節によってでき方に違いが生じます。電離しているイオンや電子は電気的性質をおびていることもあり、電波に大きな影響を与えています。

1 電離層の構成

電離層には、下から順にD層・E層・F層があります。このほか、突発的に発するものにスポラジックE層というものがあります。

電離層ではF層が最も電子密度が高く、E層・D層と下になるほど電子密度は低くなっています。各層の高さと特徴を次に示します。

・D層

地上約60〜90 kmの高さにある層で、昼間しか現れません。中波の電波を吸収する性質があります。

・E層

地上約100 kmの高さにある層で、中波と短波は反射しますが、超短波以上の周波数の電波は突き抜けます。

・F層

地上200〜400 kmの高さにある層で、短波は反射しますが、超短波以上は突き抜けてしまいます。

2 電波の特殊な伝わり方

・散乱

電離層の電子密度が不均一であったり、対流圏の大気の密度が不均一であったりしたときに起こる現象。このようなときには、電波は四方八方に飛散します。

・山岳回折

山の頂上などで電波が屈折し、遠方へ飛んでいく現象をいいます。ふつうは届かないはずのVHFやUHFの電波が、見通しの利かない山の反対側に届いたりします。

散乱と山岳回折

電波は光と同じで直進したり反射したりするんだ

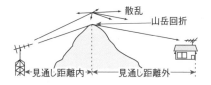

解 答

(3) ▶ 周波数が高ければ解答とは反対に電離層を突き抜けるときの減衰は小さく、反射するときの減衰は大きくなる。

▶▶▶ フォローアップ

スポラジックE層

E層の高さに突発的に電子密度の高い層が現れ、かなり高い周波数まで反射する。そのために、超短波がかなり遠くまで届くことがある。日本では、夏の昼間によく発生する。

▶▶▶ フォローアップ

対流圏

地表から約11kmまでの大気がある区域。

電離層の密度は夜間に小さくなるよ

⑵ 電波のいろいろな伝わり方 🔊

　電波は、アンテナから発射されると、光とほぼ同じ速さでどこまでもまっすぐに飛んでいきます。ということは、丸い地球の裏側には電波が届かないはずですが、実際は地球上のどこの場所とも無線通信をすることができます。これは、地球の上空にある電離層のおかげです。電離層は地球をぐるりと取り巻いて、地上からの電波を跳ね返しています。

電離層と電波の伝わり方

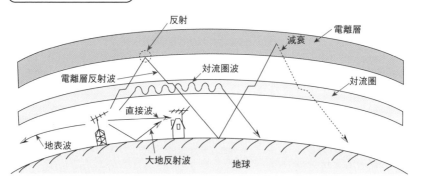

　電波の伝わり方を分類すると、以下のようになります。

・地上波

　直接波…電波は、直接受信アンテナに届く（超短波以上の伝わり方）。

　大地反射波…電波は、地面で反射されて受信アンテナに届く（超短波以上の伝わり方）。

　地表波…電波は、地表（地球）に沿って伝わる（中波以下の伝わり方）。

・電離層反射波

　電波は、電離層で反射されて受信アンテナに届く（短波の伝わり方）。

・対流圏波

　電波は、対流圏の影響を受けて受信アンテナに届く（超短波以上の伝わり方）。

1 地上波──直接波

　地上波のうち、直接波は電離層や大地にまったく影響を受けずに直進していく電波で、見通し距離内の超短波以上の通信に使われます。なお、直接波は必ず大地反射波を伴っているので、超短波以上の周波数の電波は直接波と大地反射波が相互に影響して伝わっていきます。

2 地上波──地表波

　地表波は地球の表面に沿って伝わっていきます。このような電波は周波数が高くなるほど減衰が大きくなるので、減衰の小さい中波や長波の通信に使われます。

　地上波での通信は、時間や季節によるコンディションの影響はほとんど受けませんが、電離層反射波は、影響を強く受けます。

▶▶▶ フォローアップ

ラジオダクト

対流圏の大気が、電波の伝わり方に影響を与える。特に超短波以上の電波が大きく影響を受け、ときには対流圏波が思わぬ遠方まで届くことがある。電波が空気の層の中で屈折をくり返して伝わるので、空気の層が電波を伝える管のような役目をするから、ラジオダクトと呼ばれている。

ラジオダクトは、季節の変わり目や、海風と陸風が入れかわる夕方や早朝に多く発生するよ

電離層があるから通信できるんだよ

1 無線工学の基礎
2 電子回路
3 送信機
4 受信機
5 電源
6 電波伝搬とアンテナ
7 電波障害
8 測定器

(3) 電波が伝わるときに起こる現象 🛜

　ここでは、電波が伝わるときに起こる異常現象としてあげられる、不感地帯、フェージング、エコーを説明します。

■ 不感地帯

　不感地帯というのは、電波を感じることのできない地帯という意味です。右図に示したように、地上波はすぐに減衰してしまいます。一方、電離層反射波は1回目の反射波でもかなり遠くまでいきます。すると、地上波も電離層反射波も届かないところが出てきます。これが不感地帯です。

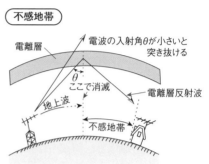

② フェージング

　フェージングとは、電波の強さが時間とともに変化する現象です。

　アンテナに電離層で1回反射した電波と、2回反射した電波の両方が届くと、それらがアンテナの所でいっしょになり、互いに強め合ったり打ち消し合ったりします。

　2つの電波の山と山、谷と谷が一致すれば強め合って大きくなります。また反対に、山と谷がぶつかり合って互いに打ち消し合うと、電波の強さは小さくなってしまいます。このように、時間とともに変わる電波の状態によって、フェージングが発生します。

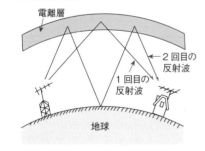

高い建物のような障害物の反射でもフェージングが起こるよ

1 無線工学の基礎

2 電子回路

3 送信機

4 受信機

5 電源

6 電波伝搬とアンテナ

7 電波障害

8 測定器

3 エコー

エコーとは山びこのことです。右図は、エコーの起こるようすを表したものです。

送信側が受信側に向けて電波を飛ばす場合に、通常は最短距離(右図のa)を使います。これをショートパスといいます。その他に、地球をぐるりと一回りして届く(右図のb)場合があります。これをロングパスといいます。

電波が光の速度とほぼ同じでも、ショートパスとロングパスでは距離が違います。したがって、送信アンテナから受信アンテナのところに到達するには、aとbとでは時間にズレが生じます。

そのズレの結果として、受信側ではショートパスとロングパスを通った2つの電波を復調したときに遅れて音が聞こえることになります。これがエコーの正体です。

エコー

送信アンテナ　受信アンテナ　電離層

昼間より、夜の方が日本全国や外国のラジオが聞こえやすいのは、電離層の影響によるんだ

▶▶▶ フォローアップ

磁気嵐
太陽の黒点活動によって起こる現象。電離層を乱し、短波通信を2〜3日間にわたって交信困難にすることもある。

▶▶▶ フォローアップ

デリンジャー現象
日中に、短波の通信が自然に10分から1時間ほど受信感度が弱くなったり、まったく聞こえなくなったりする現象。これは太陽活動の影響で電離層のD・E層の電子密度が急に大きくなるために起こる。

═ チェック ═

☐ 地球の裏側へ届くのは、電離層反射波。短波のみ。
☐ 地上波の種類
　　①直接波　　②大地反射波　　③地表波
☐ 電離層を突き抜ける電波は、周波数が高いほど減衰が小さい。反射するときは、周波数が高いほど減衰が大きい。
☐ 電離層の密度は、夜間に小さくなる。
☐ スポラジックE層は、夏の昼間に多く発生する。
☐ 電離層反射波は、不感地帯やフェージングやエコーを起こす。

7 電波障害

7-1 電波障害（BCI・TVI）

出題例

【問題26】送信機で28〔MHz〕の周波数の電波を発射したところ、FM放送受信に混信を与えた。送信側で考えられる混信の原因で正しいものを選びなさい。

(1) 1/3倍の低調波が発射されている。

(2) 同軸給電線が断線している。

(3) スケルチを強くかけすぎている。

(4) 第3高調波が強く発射されている。

(1) 電波障害の種類 🔊

　電波障害は、大きく分けると①ラジオやテレビなど電波を利用するように作られたものに対する障害、②レコーダや電子楽器のように電波とは関係のない電子機器に対する障害、の2つになります。

　BCIとはラジオ聴取障害のことをいい、TVIとはテレビ視聴障害のことをいいます。これらはもともと電波を利用するものですが、電波を利用しない電子機器に対する電波障害としてはアンプIがその代表的なものとされます。

BCIは
Broadcast Interference の略
TVIは
Television Interference の略
アンプIは
Amplifier Interference の略

① BCI（ラジオ受信障害）

AM・FMラジオ放送用の受信機に、無線局からの音声が混入して聴取障害を起こすことをいいます。

② TVI（テレビ受信障害）

テレビに無線局の電波が混入して視聴障害を起こすことで、音声障害と画像障害の2つがあります。

③ アンプI（電子機器障害）

ステレオアンプなどに電波が混入して障害を起こすことです。

④ その他の障害

上記以外の電子機器で、漏電遮断器や火災報知器などを誤動作させることがあります。また、有線の電話機に障害を起こすことをテレホンIといいます。

(2) 電波障害の原因

電波障害の直接の原因としては、次のようなものがあげられます。

・混変調

無線局の送信アンテナと受信機のアンテナが接近していたり、また、テレビ電波の弱いところで電波を発射すると、送信機の電波が大きなレベルで受信機に加わり、その受信機の内部で受信信号が変調されてTVIやBCIを起こすことがあります。

・高調波発射

電波の基本波の2倍、3倍の高調波によって他の受信設備に障害を与えることがあります。

アマチュア無線の電波が原因でモニター付きドアホンで誤作動を起こしたという報告があるんだ

解答

(4) ▶ 28 MHz帯の第3高調波（基本波の3倍波）は、84 MHz帯となり、FM放送バンド（76 MHz〜95 MHz）に混信を与える。

▶▶▶ **フォローアップ**

高調波による電波障害

① 28 MHz帯の第3高調波（基本波の3倍波）84 MHzは、FM放送（76MHz〜95 MHz）に混信。

② 50 MHz帯の第3高調波は、150 MHzの電波を受信している受信機に混信。

1 無線工学の基礎

2 電子回路

3 送信機

4 受信機

5 電源

6 電波伝搬とアンテナ

7 電波障害

8 測定器

(3) 電波障害の対策 🔊

BCI・TVI・アンプIの電波障害が起こった場合は、下記の方法で対策します。

■ 送信機側の BCI・TVI・アンプ I 対策

①送信アンテナをテレビのアンテナや電灯線から離す。

②送信機の調整を正しくとる(アンテナ結合回路の結合度を疎にする)。

③送信電力を低下させる。

④送信機と給電線との間に、ローパスフィルタ(LPF、低域フィルタ)やバンドパスフィルタ(BPF、帯域フィルタ)を入れる。

⑤送信機を厳重にシールドする。

⑥送信機のアースを完全にする。

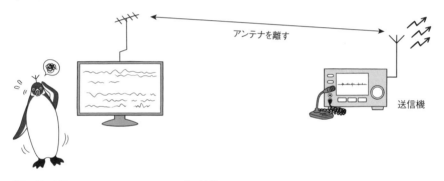

アンテナを離す

送信機

■ 受信機側の BCI・TVI・アンプ I 対策

①短波帯(3 MHz～30 MHz)の送信電波による混変調が原因の場合には、テレビ受信機のアンテナの端子と給電線の間に短波帯の電波を通さないハイパスフィルタ(HPF、高域フィルタ)を入れる。

②ステレオアンプやテレビなどの低周波増幅回路のリード線をシールド線に替えて電波が入らないようにする。

③アマチュア局から発射された435 MHz帯の基本波が、地上デジ(地上デジタルテレビ放送470～710 MHz)のアンテナ直下型受信ブースタに混入し電波障害を与える場合には、地デジアンテナと受信用ブースタの間にトラップフィルタ(BEF)を挿入する。

(4) 電信送信機による電波障害と対策(3級用) 🔊

電信(CW)送信機を運用した場合にも、BCIやTVIは起こります。

1 キークリックによる電波障害

電鍵回路の調整不良があるとキークリック(火花が発生)して信号波が崩れます。占有周波数帯幅が広がり、電波の質が悪くなってBCIやTVIの原因となります。

2 キークリック防止対策

①電鍵回路の調整。
②電鍵回路にキークリック防止回路を入れる。

▶▶▶ フォローアップ

火花と電波障害

電源スイッチやモータなどで、火花の出る機器は受信機に電波障害を与えることがある。
光や熱を発するだけの機器は電波障害の原因とはならない。たとえば、電気コンロや白熱電球などがそうである。

火花発生
キークリック波形

キークリックは電波障害のもとだよ

≡ チェック ≡

- □ BCI……ラジオ受信障害
- □ TVI……テレビ受信障害
- □ アンプI……電子機器障害
- □ 高調波による電波障害
  - ①28 MHz 帯の第3高調波→ FM 放送への混信
  - ②50 MHz 帯の第3高調波→ 150 MHz の電波と混信
- □ BCI、TVI への対策
  - 送信機側では、アンテナ結合回路の結合度を疎にするなど。
- □ 電信(CW)送信機の電波障害……キークリックが原因。

8 測定器

8-1 基本的な測定器

出題例

【問題27】内部抵抗 50 kΩ の電圧計の測定範囲を 20 倍にするには、倍率器の抵抗
値をいくらにすればよいか、次の中から選びなさい。

(1) 2.5 kΩ　　(2) 25 kΩ　　(3) 950 kΩ　　(4) 1,000 kΩ

(1) 指示計器と図記号 🔊

　指示計器とは、指針と目盛で電流・電圧などを直接指示するようにした計器のことをいいます。種類としては永久磁石可動コイル形計器、可動鉄片形計器、整流形計器、熱電対形計器の4種が主なものですが、一般に多く使われるのが永久磁石可動コイル形計器です。それぞれに特徴があるので、使用目的に合わせて選ぶ必要があります。

　なお、各種指示計器の基本となっているのは、永久磁石可動コイル形直流電流計です。

1 永久磁石可動コイル形計器

　永久磁石可動コイル形計器は、直流電流や直流電圧の測定に使用されます。端子から可動コイルに電流を流すと、コイルに流した電流によって磁力線が発生します。可動コイルは両側にある永久磁石によってできた磁力線の中にあるので、この2つの磁力線が作用し合って可動コイルが動きます。

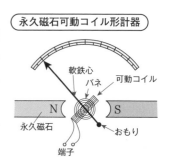

永久磁石可動コイル形計器

軟鉄心
バネ
可動コイル
N　　S
永久磁石
おもり
端子

2 可動鉄片形計器

　可動鉄片形計器は、感度は永久磁石可動コイル形計器に比べると劣りますが、機械的に堅固で、交流でも使用することができることから、主に交流電流の測定に用いられます。固定されたコイル内に固定鉄片があり、その近くには指針が取り付けられ可動鉄片が置かれています。コイルに電流を流したときに、2つの鉄片が磁化され、互いに反発または引き合う力で指針を動かします。

3 整流形計器

整流形計器は、交流の電圧を測定する計器です。半導体整流器と永久磁石可動コイル形電流計及び抵抗器を組合わせて作られています。整流した電流で永久磁石可動コイル形電流計を動作させます。

4 熱電対形電流計

熱電対形電流計は、高周波電流を測定する計器です。熱せられると電流が流れる性質の金属を用いて永久磁石可動コイル形電流計を動作させます。

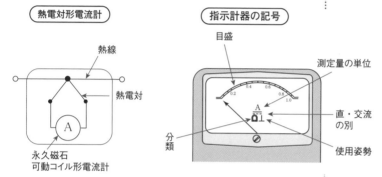

熱電対形電流計

指示計器の記号

目盛　測定量の単位　直・交流の別　使用姿勢　分類　熱線　熱電対　永久磁石可動コイル形電流計

5 指示計器の記号と図記号

指示計器の目盛板を見ると、その計器の分類、測定の種類とその範囲、使用姿勢などが示されています。

指示計器の記号例

分類と記号	直・交流の別と記号	使用姿勢と記号	測定量の単位と記号
永久磁石可動コイル形	直流用 $===$	垂 直 ⊥	電 流 A
可動鉄片形	交流用 ∿	水 平 ▢	電 圧 V
整流形	高周波用 ∿∿	傾 斜 ╱	
熱電対形	直流電流計 (A)　直流電圧計 (V)	交流電圧計 (V)　高周波電流計 (A)	

(2) 電流計と電圧計のつなぎ方 🔊

電流計や電圧計には、それぞれつなぎ方があります。たとえば電流計は測定回路に直列につなぎ、電圧計は並列につなぎます。測定器の⊕と⊖を測定したい電流や電圧の⊕と⊖に合わせなければなりません。

電流計と電圧計のつなぎ方

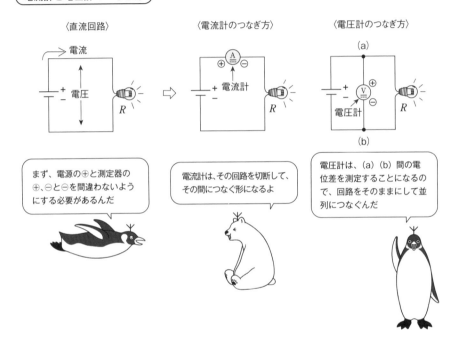

〈直流回路〉　　　〈電流計のつなぎ方〉　　　〈電圧計のつなぎ方〉

まず、電源の⊕と測定器の⊕、⊖と⊖を間違わないようにする必要があるんだ

電流計は、その回路を切断して、その間につなぐ形になるよ

電圧計は、(a)(b)間の電位差を測定することになるので、回路をそのままにして並列につなぐんだ

◀ 電流計のつなぎ方

電流計は、回路の一部を開いて直列につなぎます。電源の⊕から流れた電流はすべて電源の⊖に返るので、⊕側でも⊖側でも電流計をつなげることができます。

◀ 電圧計のつなぎ方

電圧計は、電圧を測るところに並列につなぎます。上図の回路では、等価的な抵抗Rの両端につないで電圧を測ります。

3 電圧と電流の測定方法

　下図は、直流回路の電圧と電流の測定方法を表したものです。各抵抗の電圧は、電圧計を抵抗に並列につないで、測定します。

　電源から流れた電流 I は、R_1 と R_2 を通り、I_1 と I_2 に分かれます。分かれた電流を測定するには、電流の流れている途中に回路を開いて、電流計を直列につなぎます。

▶▶▶ フォローアップ

計器の内部抵抗と測定誤差

電流計や電圧計も内部に抵抗を持っているので、計器を回路に接続するとその分だけ実際の値よりも計器の示す値が減少し、測定時に誤差が生じる。その時の、計器の抵抗を内部抵抗といい、測定値の誤差を測定誤差という。

直流回路の電圧・電流の測定

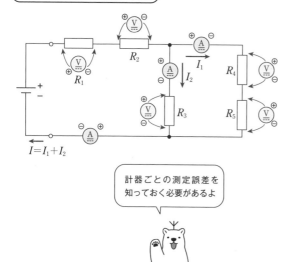

計器ごとの測定誤差を
知っておく必要があるよ

(3) 分流器と倍率器 🔊

　各種の指示計器の基本となるのは、数10μA ～ 1 mAの直流電流計ですが、実際には、10 mAや100 mAの電流を測定する場合や10 Vの電圧を測定する場合が出てきます。そのようなときに、測定範囲を広げられるのが分流器と倍率器です。

電流計の測定範囲を広げる分流器

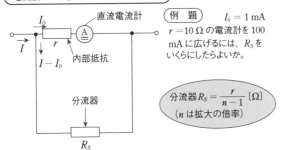

例題　$I_0 = 1$ mA
$r = 10\,\Omega$の電流計を100 mAに広げるには、R_Sをいくらにしたらよいか。

分流器 $R_S = \dfrac{r}{n-1}$ [Ω]
(n は拡大の倍率)

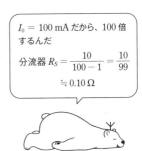

$I_0 = 100$ mAだから、100倍するんだ

分流器 $R_S = \dfrac{10}{100-1} = \dfrac{10}{99}$

$\fallingdotseq 0.10\,\Omega$

① 分流器

　分流器とは、電流計の測定範囲を広げるために、電流計に並列に入れる抵抗のことをいいます。上図は、分流器(抵抗器)のつなぎ方と電流計の測定範囲を広げた例です。これを整理すると次のようになります。

①負荷に流れる電流を測定する場合は、負荷に直列に電流計を入れ、測定する電流が電流計の中を流れるようにする。

②電流計に示された測定範囲以上の電流を測定する場合、電流計に並列に分流器を入れる。

③この場合、分流器をつないだときの最大測定値と、電流計の最大測定値の比を倍率という。

　実際に内部抵抗を求めたり、分流器の抵抗の大きさを求めるにはどのようにしたらよいでしょう。電流計の内部抵抗をr、広げたい測定範囲の倍率をn、分流器の抵抗をR_Sとすれば、次の式が成り立ちます。

$$R_S = \frac{r}{n-1}\ [\Omega]$$

分流器を入れると測定範囲が広がるんだ

　たとえば、内部抵抗$2\,\Omega$の電流計の測定範囲を5倍にしたいときには、

$$R_S = \frac{2}{5-1} = \frac{2}{4} = 0.5\ [\Omega]\qquad となります。$$

2 倍率器

　倍率器とは、電圧計の測定範囲を広げたいときに電圧計に直列に入れる抵抗のことです。

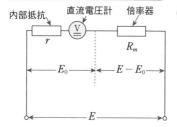

電圧計の測定範囲を広げる倍率器

内部抵抗　直流電圧計　倍率器

r　　R_m

E_0　　$E - E_0$

E

（例　題）　$E_0 = 0.01$ V、$r = 10\,\Omega$ の電圧計を 10 V に広げるには、R_m をいくらにしたらよいか。

倍率器 $R_m = r(n-1)\,[\Omega]$
（n は拡大の倍率）

0.01 V を 10 V にするには $n = 1{,}000$ となるので、$R_m = 10 \times (1{,}000 - 1) = 9{,}990\,[\Omega]$

　上図は倍率器のつなぎ方と電圧計の測定範囲を広げた例です。これを整理すると次のようになります。

①負荷の両端の電圧を測定する場合は、電圧計を回路に対して並列につなぐ。

②電圧計の測定範囲以上の電圧を測定したい場合、上図のように電圧計に対して直列に抵抗をつなぐ。

③この場合、倍率器をつないだときの最大測定値と、電圧計自身の最大測定値の比を倍率という。電圧計の内部抵抗を r、広げたい測定範囲の倍数を n、倍率器の抵抗を R_m とすれば、次の式が成り立ちます。

$$R_m = r(n-1)\,[\Omega]$$

分流器は電圧計に並列に、倍率器は電圧計に直列につなぐんだよ

=== チェック ===

□ 電流計と電圧計のつなぎ方
　　①電流計は回路に直列　　②電圧計は抵抗に並列

□ 永久磁石可動コイル形計器……主として直流の電流と電圧を測定。

□ 分流器は電流計の測定範囲を広げる。$R_S = \dfrac{r}{n-1}$

□ 倍率器は電圧計の測定範囲を広げる。$R_m = r(n-1)$

8-2 各種の測定器

出題例

【問題28】 アナログ方式の回路計（テスタ）で直流抵抗を測定するときの準備の手順
で、正しいものを選びなさい。

(1) 0〔Ω〕調整をする→測定レンジを選ぶ→テスト棒を短絡する

(2) 測定レンジを選ぶ→テスト棒を短絡する→0〔Ω〕調整をする

(3) テスト棒を短絡する→0〔Ω〕調整をする→測定レンジを選ぶ

(4) 測定レンジを選ぶ→0〔Ω〕調整をする→テスト棒を短絡する

(1) 回路計（テスタ）

　アナログ方式の回路計は、テスタといって、最も基本的な測定器のひとつです。
テスタの機能としては、**直流電圧の測定、直流電流の測定、交流電圧の測定、抵抗
の測定**があげられます。なお、ふつうのテスタでは交流電流の測定はできないので
注意しましょう。

テスタの使い方

〈抵抗の測定〉

〈電流の測定〉

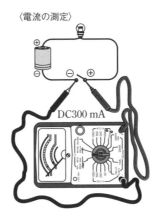

〈電圧の測定〉

◼ 抵抗の測定

①測定レンジ（スイッチ）の選択

　実際に測定する前に、$R \times 1 \cdot R \times 10 \cdot R \times 100$などの測定レンジの中から、適当
なものを選びます。そのとき、測定したい抵抗の大きさがどれくらいか見当がつか

ない場合には、一番高いレンジに合わせます。大体の見当がついたならば、目盛を読むのに適当な倍率のレンジに切り換えます。

②テスタの端子(テスト棒)の短絡

　次に⊕⊖両端子につないであるテスト棒の先を接触させて短絡(ショート)させます。指針が左側から右側に動いて0Ωを指します。

③0Ω調整

　テスト棒を短絡させても0Ωを示さない場合には、0Ω調整つまみを回して0Ωを指すように調整します。0Ωのところに指針を合わせることをゼロオーム調整といい、この操作を測定器の較正といいます。つまみを回しきっても指針が0Ωまでいかない場合は、テスタの内部の電池を取り換えます。

　これで測定前の調整が済んだので、測定したい抵抗の両端にテスト棒を当てれば指針が動きます。計器の目盛を読み、レンジの倍率を掛けます。

2 直流電流と直流電圧の測定

　測定しようとする電流や電圧の大きさに従ってレンジを選びます。3 mA・30 mA、DC3 V・12 V・120 Vなどのレンジがあります。極性を合わせてテスト棒を当てて測定します。

3 交流電圧の測定

　測定しようとする電圧の大きさに合わせて、12 V・120 Vなどのレンジにして測定します。

テスト棒は、回路の⊕には⊕を、⊖には⊖を合わせるんだ

解 答

(2)▶測定レンジによって、0〔Ω〕調整つまみの位置が変わることがあるので、まず測定レンジを選ぶ必要がある。

▶▶▶ フォローアップ

テスタ使用上の注意

テスタは、設定されたレンジの測定範囲を超えた電流や電圧が加わると、壊れることがある。測定したいものの大きさがわからないときは、一番高いレンジに設定する。

1 無線工学の基礎
2 電子回路
3 送信機
4 受信機
5 電源
6 電波伝搬とアンテナ
7 電波障害
8 測定器

(2)その他の測定器

テスタのほか、よく使う測定器について説明します。

■ ディップメータ

ディップメータは、LC発振器と可動コイル形電流計を組み合わせた計器で、同調回路の共振周波数を測定します。ディップメータのコイルを、測定しようとするLC共振回路（同調回路）のコイルに近づけて操作したとき、計器の指示が減る（ディップ＝最小になる）ことで、共振周波数を知ることができます。

①測定コイルとディップメータの結合を疎結合（結合を小さく）にする。

②測定する同調回路の共振周波数にディップメータの発振周波数が一致したとき、発振出力が同調回路に吸収されるために、ディップメータの電流計の指示が最小になる。

③このときのディップメータのダイヤル目盛から共振周波数がわかる。

> ディップメータは、高周波の信号源としても使えるんだ

■ SWRメータ（定在波比測定器）

SWRメータは、送信機で作られた高周波電力が、給電線を通って効率よくアンテナに伝送されているかどうかを測定します。

①SWRメータでアンテナと給電線の整合状態を調べるときは、給電線のアンテナの給電点に近い部分に接続する。

②SWRメータを用いてアンテナと給電線の整合を調整するときは、SWR（定在波比）の値が低くなるようにする。

SWRメータの接続の仕方

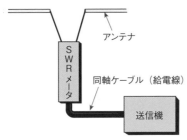

〈アンテナと給電線の整合の測定〉

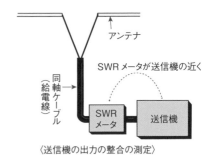

〈送信機の出力の整合の測定〉

❸ 通過形電力計

通過形電力計は高周波電力を測定するもので、SWR メータと同じ原理でできています。アンテナの進行波電力と反射波電力を測定しますが、その差から空中線電力が直接測定できます。進行波電力と反射波電力、空中線電力の間には、次のような関係式が成立します。

> 空中線電力 = 進行波電力 − 反射波電力

❹ 周波数カウンタ

周波数カウンタは、1秒間当たりの交流の周期の数を測定する測定器です。送信機の出力周波数や発振器の発振周波数を測定します。

アマチュア無線では、送信する周波数はアマチュアバンドの中に入っていなければならないんだ

それを確認するのが周波数カウンタだよ

▶▶▶ メモ

SWRメータと通過形電力計

SWRメータは、通常、高周波電力を測定する通過形電力計としても使用できる。

高周波電力計・SWRメータ・周波数カウンタなどは、いつもシャック（無線室）に置いて使われるんだ

═ チェック ═

☐ テスタでの抵抗値の測定法
　　①測定レンジの選択→②テスト棒の短絡→③0Ω調整
☐ ディップメータ……LC共振回路の共振周波数を測定する。
☐ SWRメータ……アンテナと給電線の整合状態を測定する。
☐ 通過形電力計……高周波電力を測定する。
　　空中線電力 = 進行波電力 − 反射波電力

〈無線工学の主な重要公式〉

① 電気回路

[周波数と周期] 正弦波交流の周波数：f [Hz]
　正弦波交流の周期：T [秒]

$$f = \frac{1}{T} \text{ [Hz]}$$

[交流の実効値と最大値] 電圧の実効値：V [V]
　電流の実効値：I [A] 電圧の最大値：V_m [V]
　電流の最大値：I_m [A]

$$V = \frac{V_m}{\sqrt{2}} \fallingdotseq \frac{V_m}{1.41} \text{ [V]}$$

$$I = \frac{I_m}{\sqrt{2}} \fallingdotseq \frac{I_m}{1.41} \text{ [A]}$$

[抵抗の直列・並列接続]
①直列接続
　$R = R_1 + R_2 + R_3 \cdots\cdots$ [Ω]
②並列接続

$$R = \cfrac{1}{\cfrac{1}{R_1} + \cfrac{1}{R_2} + \cfrac{1}{R_3} \cdots} \text{ [Ω]}$$

[コンデンサの直列・並列接続]
①直列接続

$$C = \cfrac{1}{\cfrac{1}{C_1} + \cfrac{1}{C_2} + \cfrac{1}{C_3} \cdots} \text{ [F]}$$

②並列接続
　$C = C_1 + C_2 + C_3 \cdots\cdots$ [F]

[オームの法則]
　電圧：E [V] 電流：I [A] 抵抗：R [Ω]

$$E = RI \qquad I = \frac{E}{R} \qquad R = \frac{E}{I}$$

　電力：P [W] 電圧：E [V] 電流：I [A]
抵抗：R [Ω]

$$P = EI = (IR)\,I = RI^2 = \frac{E^2}{R}$$

[誘導性リアクタンス] 誘導性リアクタンス：X_L [Ω]
　周波数：f [Hz] コイルのインダクタンス：L [H]
　$\omega = 2\pi f \qquad \pi \fallingdotseq 3.14 \qquad X_L = \omega_L = 2\pi f L$ [Ω]

[容量性リアクタンス]
　容量性リアクタンス：Xc [Ω]
　コンデンサの静電容量：C [F]

$$X_C = \frac{1}{\omega C} = \frac{1}{2\pi f C}$$

[直列・並列共振回路の共振周波数]
　共振周波数：f [Hz]
　コイルのインダクタンス：L [H]
　コンデンサの静電容量：C [F]

$$f = \frac{1}{2\pi\sqrt{LC}} \text{ [Hz]}$$

② 半導体

[トランジスタの電流増幅率]
①ベース接地トランジスタの電流増幅率：α

$$\alpha = \frac{\text{コレクタ電流の変化分 } (\Delta I_C)}{\text{エミッタ電流の変化分 } (\Delta I_E)}$$

②エミッタ接地トランジスタの電流増幅率：β

$$\beta = \frac{\text{コレクタ電流の変化分 } (\Delta I_C)}{\text{ベース電流の変化分 } (\Delta I_B)}$$

③ 電子回路

[変調度] 変調度：M [%] 信号波の振幅：V_S [V]
　　　　　搬送波の振幅：V_0 [V]

$$M = \frac{V_S}{V_0} \times 100 \text{ [%]}$$

④ 受信機

①スーパヘテロダイン受信機の局部発振周波数
　局部発振周波数：f_L [Hz]
　$f_L = f \pm f_i$
②スーパヘテロダイン受信機の影像周波数
　影像周波数：f_u [Hz] 受信周波数：f [Hz]
　中間周波数：f_i [Hz]
　$f_u = f \pm 2f_i$

⑤ 電波伝搬

[周波数と波長] 周波数：f [Hz] 波長：λ [m]

$$f = \frac{3 \times 10^8}{\lambda} \text{ [Hz]} \qquad \lambda = \frac{3 \times 10^8}{f} \text{ [m]}$$

⑥ 測定

[①分流器②倍率器]
　分流器・倍率器の抵抗：R [Ω]
　内部抵抗：r [Ω]
　広げたい測定範囲の倍率：n [倍]

$$① R = \frac{r}{n-1} \qquad ② R = r(n-1)$$

Part **2**　電波法規

1 電波法

1-1 電波法の目的と定義

─ 出 題 例 ─

【問題1】 次の記述は、電波法の目的について同法の規定にそって述べたものである。（　　　）内に入れるべき字句を下から選びなさい。

この法律は、電波の（　　　）を確保することによって、公共の福祉を増進することを目的とする。
(1) 公平な利用
(2) 能率的な利用
(3) 有効な利用
(4) 公平かつ能率的な利用

(1) 電波法の目的 🔊

この法律は、電波の公平かつ能率的な利用を確保することによって、**公共の福祉を増進する**ことを目的とする。（法第1条）

電波は無線通信だけでなく、医療や工業用などにも利用されています。無線局はそのひとつにすぎません。したがって、電波障害や混信を防ぎ、有限の電波を公平に能率よく利用することが公共の福祉の増進へとつながります。

また、電波を利用する者の共益費用という考え方から、アマチュア局を開設している者は電波利用料として1局当たり年間300円を納めることになっています。

(2) 電波法令の体系 🔊

電波法は昭和25年6月1日に施行されました。それ以前は「無線電信法」という法律がありましたが、電波の利用は現在のように自由なものではありませんでした。電波法の制定によって、電波は国民のものになったといえます。

電波法は法律で、国会の議決を経て制定されたものです。法律には基本的な事柄を定めていますが、実際の運用やその他の細かい規定等は、政令や総務省令に定められています。

電波法令の主な内容

国際法規	①国際電気通信連合憲章及び国際電気通信連合条約‥条約
	②国際電気通信連合憲章に規定する無線通信規則‥条約
国内法規	①電波法(法)・・・・・・・・・・・・・・・・・・・・・・法律
	②電波法施行令(施行令)・・・・・・・・・・・・・・・政令
	③電波法関係手数料令(手数料令)・・・・・・・・・政令
	④電波法施行規則(施則)・・・・・・・・・・・・総務省令
	⑤無線局免許手続規則(免則)・・・・・・・・・総務省令
	⑥無線設備規則(設則)・・・・・・・・・・・・・総務省令
	⑦無線従事者規則(従則)・・・・・・・・・・・・総務省令
	⑧無線局運用規則(運則)・・・・・・・・・・・・総務省令
	⑨無線局(基幹放送局を除く。)の開設の根本的基準 (根本的基準)・・・・・・・・・・・・・・・総務省令
	⑩特定無線設備の技術基準適合証明等に関する規則 (技適)・・・・・・・・・・・・・・・・・・・総務省令

※本書では、引用した電波法令の条文は、上述の法律・政令・省令の末尾にカッコで付記した名称を用い示しています。たとえば、「法第4条第1項」は、「電波法第4条第1項」のことを示します。

解答
④

▶▶▶ メモ
法令の体系

法律
国会の議決を経て制定。
政令
法律に基づいて政府(内閣)が制定。
省令
法律に基づいて、各省が制定。
条例
法律に基づいて、各地方公共団体が独自に制定。
告示
政令・省令の下に位置づけられる決まりなど。

(3) 用語の定義 🔊

以下、電波法令に定義された用語をまとめます。

目に見える光も電磁波の1種だよ。赤外線、紫外線、エックス線、ガンマ線も電磁波だよ

電波法による定義

用語	定義
電波	電波とは、300万メガヘルツ以下の周波数の電磁波をいう。
無線電信	無線電信とは、電波を利用して、符号を送り、又は受けるための通信設備をいう。
無線電話	無線電話とは、電波を利用して、音声その他の音響を送り、又は受けるための通信設備をいう。
無線設備	無線設備とは、無線電信・無線電話その他電波を送り、又は受けるための電気的設備をいう。
無線局	無線局とは、無線設備及び無線設備の操作を行う者の総体をいう。ただし、受信のみを目的とするものを含まない。
無線従事者	無線従事者とは、無線設備の操作又はその監督を行う者であって、総務大臣の免許を受けたものをいう。

無線従事者の中にはプロの資格も含めて23の資格があるんだ。アマチュア無線技士の資格は、その中の1つだよ！

電波法施行規則による定義

用語	定義
無線通信	無線通信とは、電波を利用して行うすべての種類の記号・信号・文言・影像・音響又は情報の送信・発射又は受信をいう。
送信設備	送信設備とは、送信装置と送信空中線系とから成る電波を送る設備をいう。
送信装置	送信装置とは、無線通信の送信のための高周波エネルギーを発生する装置及びこれに付加する装置をいう。
送信空中線系	送信空中線系とは、送信装置の発生する高周波エネルギーを空間へ輻射する装置をいう。
アマチュア業務	金銭上の利益のためでなく、もっぱら個人的な無線技術の興味によって行う自己訓練、通信及び技術的研究その他総務大臣が別に告示する業務を行う無線通信業務をいう。
アマチュア局	アマチュア業務を行う無線局をいう。

▶▶▶ メモ
無線局の体系

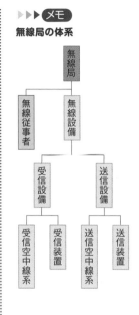

2 無線局の免許
3 無線設備
4 無線従事者
5 運用
6 監督
7 業務書類
8 国際電波法規

≡ チェック ≡

□ 電波法の目的
　電波の公平かつ能率的な利用を確保することによって、公共の福祉を増進することを目的とする。

□ 電波
　300万メガヘルツ以下の周波数の電磁波をいう。

□ アマチュア業務
　金銭上の利益のためでなく、もっぱら個人的な無線技術の興味によって行う自己訓練、通信及び技術的研究その他総務大臣が別に告示する業務を行う無線通信業務をいう。

2 無線局の免許

2-1 アマチュア局の開設

(1) 開設の条件と免許の欠格事由

　アマチュア局には、個人局と社団(クラブ)局の2つがありますが、どちらも、総合通信局長の免許を受けなければなりません。

> アマチュア局を開設しようとする者は、総務大臣の免許を受けなければならない。(法第4条第1項)

法第104条の3に「権限の委任」という条文があり、「この法律に規定する総務大臣の権限は、総務省令で定めるところにより、その一部を総合通信局長又は沖縄総合通信事務所長に委任することができる」となっているよ

だから、法第4条の総務大臣は総合通信局長又は沖縄総合通信事務所長になるんだ

■ 個人が開設するアマチュア局の条件(根本的基準第6条2)

①免許を受けようとする者は、アマチュア局の無線設備の操作を行うことができる無線従事者の資格を有すること。

②無線設備は、免許を受けようとする者が操作できる範囲内であること。ただし、移動するアマチュア局の場合は空中線電力50 W以下のものであること。

③免許人以外の者の使用に供するものでないこと*。

④開設する目的、通信の相手方の選定及び通信事項が法令に違反せず、かつ、公共

の福祉を害しないものであること。

⑤既設の無線局の運用又は電波の監視に支障を与えないこと。

2 社団が開設するアマチュア局の条件(根本的基準第6条2)

①営利を目的とするものでないこと。

②社団局の目的・名称・事務所・資産・理事の任免及び社員の資格の得喪に関する事項を明示した定款が作成され、適当と認められる代表者が選任されているものであること。

③無線従事者の資格を有する者であって、アマチュア業務に興味を有するものにより構成される社団であること。

④無線設備は、すべての構成員がそのいずれかの無線設備につき操作できるものであること。ただし、移動するアマチュア局の場合は空中線電力50 W以下のものであること。

⑤構成員以外の者の使用に供するものでないこと*。

⑥開設する目的、通信の相手方の選定及び通信事項が法令に違反せず、かつ、公共の福祉を害しないものであること。

⑦既設の無線局の運用又は電波の監視に支障を与えないこと。

* 2021年3月10日に電波法施行規則が改正され、家庭内や学校等で資格を有する保護者、教員等の監督(指揮・立ち合い)により、一定の条件の下で学齢児童生徒(小中学生)がアマチュア無線の交信を体験することが可能となった。

解答

(4) ▶あらかじめ総務大臣の許可を受けなければならないのは、「通信の相手方、通信事項若しくは無線設備の設置場所を変更し、又は無線設備の変更の工事をしようとするとき」。

▶▶▶ **フォローアップ**
外国人の個人局開設
総務大臣が別に告示する条件に適合すること。

▶▶▶ **メモ**
社団局開設条件の補足
社団局の条件中、「社員の資格の得喪」とあるのは、社団の構成員となる条件や構成員の資格を失う条件などのこと。

❸ アマチュア局の免許の欠格事由（法第5条）

免許の欠格事由とは、免許を受けることができない理由のことをいいます。

次の者には免許が与えられないことがあります。

a 電波法又は放送法に規定する罪を犯し罰金以上の刑に処せられ、その執行を終わり、又はその執行を受けることがなくなった日から2年を経過しない者。

b 無線局の免許の取消しを受け、その取消しの日から2年を経過しない者。

(2) アマチュア局の免許の申請

> アマチュア局の免許を受けるには、定められた様式の無線局免許申請書に必要な書類を添えて、その無線設備の**設置場所**又は**常置場所**を管轄する総合通信局長に提出しなければならない。（法第6条、免則第3・4・15条）

免許の申請は管轄の総合通信局長に必要な書類を提出します。

ここでいう**設置場所**というのは、移動しないアマチュア局で無線設備を設置して運用する場所をいいます。また、**常置場所**というのは、移動するアマチュア局が無線設備を置く場所のことですが、一般に住所のことです。

総合通信局の地域番号は、アマチュア局の呼出符号（コールサイン）の3文字目の数字だよ。関東は1だけど2〜4が使われる呼出符号もあるよ

総合通信局と管轄都道府県

名称	所在地	管轄都道府県	地域番号
関東総合通信局	〒102−8795 東京都千代田区九段南1−2−1 九段第3合同庁舎	東京都・神奈川県 埼玉県・群馬県 千葉県・栃木県 茨城県・山梨県	1
信越総合通信局	〒380−8795 長野市旭町1108	長野県・新潟県	0
東海総合通信局	〒461−8795 名古屋市東区白壁1−15−1 名古屋合同庁舎第3号館	愛知県・静岡県 岐阜県・三重県	2
北陸総合通信局	〒920−8795 金沢市広坂2−2−60 金沢広坂合同庁舎	石川県・福井県 富山県	9
近畿総合通信局	〒540−8795 大阪市中央区大手前1−5−44 大阪合同庁舎第1号館	大阪府・京都府 兵庫県・奈良県 滋賀県・和歌山県	3
中国総合通信局	〒730−8795 広島市中区東白島町19−36	広島県・岡山県 山口県・鳥取県 島根県	4
四国総合通信局	〒790−8795 松山市味酒町2−14−4	愛媛県・香川県 徳島県・高知県	5
九州総合通信局	〒860−8795 熊本市西区春日2−10−1 熊本地方合同庁舎A棟	熊本県・長崎県 福岡県・大分県 佐賀県・宮崎県 鹿児島県	6
東北総合通信局	〒980−8795 仙台市青葉区本町3−2−23 仙台第2合同庁舎	宮城県・福島県 岩手県・青森県 山形県・秋田県	7
北海道総合通信局	〒060−8795 札幌市北区北8条西2−1−1 札幌第1合同庁舎	北海道	8
沖縄総合通信事務所	〒900−8795 那覇市旭町1−9 カフーナ旭橋B街区5階	沖縄県	6

（2021年7月　総務省ホームページより）

1 電波法
2 無線局の免許
3 無線設備
4 無線従事者
5 運用
6 監督
7 業務書類
8 国際電波法規

■1 簡易な免許手続き

①空中線電力 200 W 以下のアマチュア局の場合

簡易な免許手続きの流れ

技適証明とは、JARD（電波法に定める登録証明機関）が、無線設備の技術基準適合証明を行うことだよ

（電波の型式と周波数、呼出符号、空中線電力、運用許容時間の指定）

②空中線電力 200 W を超えるアマチュア局の場合

JARD が介在した簡易な手続きは行われず、正規の手続きに従います。

申請書提出⇒審査⇒予備免許⇒検査⇒免許

■2 アマチュア局の免許状の交付と有効期間

「アマチュア局に免許を与えたときは、総合通信局長は申請人に、無線局免許状を交付する」となっています。ここで大切なことは、免許と免許状の違いを明確にしておくことです。

免許の有効期間は 5 年です。起算して 5 年とは、免許の日から数えて満 5 年という意味になります。

> アマチュア局の免許の有効期限は、免許の日から起算して 5 年とする。ただし、再免許を妨げない。（法第 13 条、施則第 7 条）

■3 免許状の備え付け

アマチュア局の免許状は、無線設備の設置場所又は常置場所に備え付けておきます。

免許を証明する書類が免許状。免許の有効期間は、免許の日から数えはじめて満 5 年

(3) アマチュア局の再免許 📶

> 再免許の申請は、定められた様式の無線局再免許申
> 請書に必要な書類を添えて、免許の有効期間満了前
> 1か月以上1年を超えない期間に、総合通信局長に提
> 出しなければならない。（免則第16・18条）

　免許の有効期間5年を満了したあとも、引き続きアマ
チュア局を開設しようとするときは、再免許の申請をし
ます。再免許時には次のような指定事項があります。

〔**再免許のときの指定事項**〕

①電波の型式及び周波数

②識別信号(呼出符号)

③空中線電力

④運用許容時間

(4) 免許状の記載事項 📶

　無線局の免許状には、次の事柄が記載されています。

①免許の年月日及び免許の番号

②免許人の氏名又は名称及び住所

③無線局の種別

④無線局の目的

⑤通信の相手方及び通信事項

⑥無線設備の設置(常置)場所

⑦移動範囲

⑧免許の有効期間

⑨識別信号(呼出符号)

⑩電波の型式及び周波数

⑪空中線電力

⑫運用許容時間

▶▶▶ メモ

**再免許申請時に明示すべ
き事項**

①免許人の氏名又は名称
　及び住所

②無線局の種別及び局数

③免許の有効期間

④識別信号

⑤免許の番号

⑥免許の年月日

再免許の申請は、有効期間
満了前1か月以上1年を
超えない期間。試験にはこ
の形で覚えておこう

1 電波法

2 無線局の免許

3 無線設備

4 無線従事者

5 運用

6 監督

7 業務書類

8 国際電波法規

(5) 免許内容の変更 🔊

アマチュア局の免許を受けたあとに住所の変更や上級の資格を取るなどして、無線局の設置場所の変更や電波の型式・周波数の変更が必要になる場合など、免許内容に関わる変更が発生するときは、電波法令に従って手続きを行うことになります。

■ 無線設備に係る変更（許可）

①無線設備の設置場所の変更

②無線設備の変更の工事

これらを変更するときには、あらかじめ申請書に必要な書類を添えて、総合通信局長に提出し、総務大臣の許可を受けなければなりません。ただし、①の変更については TSS ㈱の保証を受ければ変更検査が省略され、②の変更については JARD の技適証明または TSS ㈱の保証を受けて届出となります。

■ 周波数等の指定の変更（申請）

呼出符号・電波の型式・周波数・空中線電力などの指定を変更したいときは、その旨を総合通信局長に申請します。

■ 無線設備の常置場所の変更（届出）

移動するアマチュア局の常置場所の変更は、変更後に速やかに届出なければなりません。

無線設備の設置場所の変更や無線設備の変更の工事を行ったときには、総合通信局長の審査を受け、許可されたあとに検査を受けなければ運用できないよ。TSS ㈱の保証や JARD の技適証明によって検査はなくなるよ

万一、変更後の検査を受けずに運用すると、1 年以下の懲役又は 100 万円以下の罰金になるんだ

1 電波法

2 無線局の免許

3 無線設備

4 無線従事者

5 運用

6 監督

7 業務書類

8 国際電波法規

(6) アマチュア局の廃止 📶

アマチュア局の廃止には、手続きが必要です。

① 廃止の届出

> 免許人は、そのアマチュア局を廃止するときは、文書により、その旨を総務大臣に届出なければならない。（法第22条、免則第24条）

免許の有効期間内に自分の意思でアマチュア無線活動を止めることを廃止といいます。免許の有効期間が満了する1か月前までに再免許の手続きを行わなかった場合は、有効期間満了と同時に免許は効力を失ってしまいます。これを失効といい、廃止とは異なります。

② 空中線（アンテナ）の撤去及び免許状の返納

アマチュア局を廃止したときは、次の措置をします。

①遅滞なく空中線の撤去その他の総務省令で定める電波の発射を防止するために必要な措置を講じること。

②廃止した日から1か月以内に、その無線局の免許状を総合通信局長に返納すること。

▶▶▶ メモ

廃止届出と過料
廃止届を怠ると、30万円以下の過料に処せられる。

空中線の撤去は遅滞なく、免許状の返納は1か月以内

=== チェック ===

□ **アマチュア局の開設の主な条件**……①無線従事者の有資格者　　②無線設備は操作の範囲内　　③免許人以外の者の使用禁止

□ **アマチュア局の欠格事由**
　免許が与えられないことがある者……a 電波法又は放送法に違反し、罰金以上の刑に処せられ、執行を受けることがなくなった日から2年を経過しない者。b 免許の取消しを受けて2年を経過しない者

□ **アマチュア局免許の有効期間**……免許の日から起算して5年。

□ **アマチュア局再免許手続き**……有効期間満了前1か月以上1年を超えない期間。

□ **免許内容の変更手続き**
　①あらかじめ許可……a 無線設備の設置場所　b 無線設備変更の工事　c 通信事項
　②指定事項の変更……a 呼出符号・電波の型式・周波数・空中線電力など
　③届出……a 無線局の廃止　b 無線設備の常置場所の変更

3 無線設備

3-1 無線設備

【問題3】 単一チャンネルのアナログ信号で振幅変調した抑圧搬送波による単側波帯の電話の電波の型式を表示する記号は、次のうちどれか。

(1) A3E　　(2) H3E

(3) J3E　　(4) R3E

(1) 電波の型式 🔊

電波の型式は次のように順番に記号、または数字で表されます。

主搬送波の
変調の型式
　①振幅変調
　　両側波帯 · A
　　全搬送波による単側波帯 · H
　　低減搬送波による単側波帯 · R
　　抑圧搬送波による単側波帯 · J
　②角度変調
　　周波数変調 · F
　　位相変調 · G

主搬送波を
変調する
信号の性質
　①デジタル信号である単一チャネルのもの
　　変調のための副搬送波を使用しないもの · · · · · · · · · · · · · 1
　　変調のための副搬送波を使用するもの · · · · · · · · · · · · · · 2
　②アナログ信号である単一チャネルのもの · · · · · · · · · · · · · 3

伝送情報の
型式
　①電信
　　聴覚受信を目的とするもの · A
　　自動受信を目的とするもの · B
　②電話(音響の放送を含む。) · E
　③テレビジョン(映像に限る。) · F

(施則第4条2より抜粋)

　アマチュア局に指定される電波の型式のうち、主なものは次のとおりです。

A1A [*]

振幅変調の両側波帯、デジタル信号の単一チャネルで変調のための副搬送波を使用しないもの、電信で聴覚受信を目的とするもの

A3E

振幅変調の両側波帯、アナログ信号の単一チャネル、電話

J3E

振幅変調の抑圧搬送波による単側波帯、アナログ信号の単一チャネル、電話

A3F

振幅変調の両側波帯、アナログ信号の単一チャネル、テレビジョン

F2A [*]

周波数変調、デジタル信号の単一チャネルで変調のための副搬送波を使用するもの、電信で聴覚受信を目的とするもの

F3E

周波数変調、アナログ信号の単一チャネル、電話

＊　4級アマチュア無線技士の試験には出題されないが、3級
　　アマチュア無線技士の試験には出題される電波の型式

解答

(3) ▶ はじめのアルファベットは変調の型式。次の数字は変調する信号の性質。最後のアルファベットは伝送情報の型式を表している。

電波型式はにもいろいろあるんだよ！

(2) 電波の質 📶

　電波の質には、①周波数の偏差、②占有周波数帯幅、③高調波の強度等、の3つがあります。これらの電波の質は、総務省令に定めるものに適合しなければなりません。

　無線通信は、いろいろな周波数を多数の局が使用しているので、電波の周波数がずれたり、高調波や低調波などのスプリアス発射が強かったりすると、無線局同士の混信や妨害の原因になります。

　しかし、これらの原因を完全に除去することは難しいので、許容限度を定め、その範囲内で電波を使用するようにしています。

■ 電波の周波数の偏差

アマチュアバンド内での周波数の許容偏差

周波数帯	許容偏差
9 kHz を超え―― 526.5 kHz 以下	$\dfrac{100}{100万}$ (0.01％)
1,606.5 kHz を超え―― 4,000 kHz 以下 4 MHz を超え―― 29.7 MHz 以下 29.7 MHz を超え―― 100 MHz 以下 100 MHz を超え―― 470 MHz 以下 470 MHz を超え―― 2,450 MHz 以下 2,450 MHz を超え―― 10,500 MHz 以下 10.5 GHz を超え―― 134 GHz 以下	$\dfrac{500}{100万}$ (0.05％)

アマチュア局の電波の周波数の許容偏差は、ほとんど0.05％と覚えるといいよ

周波数許容偏差の計算例

　使用周波数 7,000 kHz の周波数の許容偏差を求めると、

$$7,000 \times \dfrac{500}{1,000,000} = 3.5 \ [\text{kHz}]$$
　　　　　　　答え　7,000 kHz±3.5 kHz

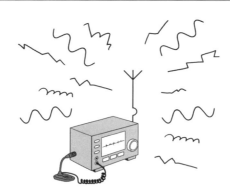

1 電波法

2 無線局の免許

3 無線設備

4 無線従事者

5 運用

6 監督

7 業務書類

8 国際電波法規

2 占有周波数帯幅

　ある周波数の電波に音声や信号をのせる(変調)と、変調前に比べて周波数の幅が広がるという現象が起こります。この電波の周波数の幅を占有周波数帯幅といいます。その占有周波数帯幅にも許容範囲が決められています。占有周波数帯幅の許容値と電波の型式の関係は次のとおりです。

占有周波数帯幅の許容値

電波の型式	A1A	A2A	A3E	H3E、R3E、J3E	F3E
占有周波数帯幅の許容値	0.5 kHz	2.5 kHz	6 kHz	3 kHz	40 kHz

> **補足** 上の表の F3E の数値は、200 MHz 以下の周波数の場合。
> 435 MHz で F3E の占有周波数帯幅は、30 kHz である。

3 スプリアス発射の強度の許容値

　送信機から電波を出すとき、実際に発射する電波の2倍、3倍などの周波数の電波(高調波)がわずかながら発射されてしまうことがあります。また、送信機の設計や調整が不十分であったりすると、不必要な電波が発射されてしまう寄生発射などが起こることがあります。いずれも、電波が強く発射されると他の局に迷惑がかかるので、総務省令でその許容値が規定されています。

スプリアス発射の強度の許容値の例

基本周波数帯	帯域外領域におけるスプリアス発射の強度の許容値
30 MHz 以下	50 mW 以下で、かつ、基本周波数の平均電力より 40 dB 低い値。
30 MHz を超え 54 MHz 以下	1 mW 以下であり、かつ、基本周波数の平均電力より 60 dB 低い値。

▶▶▶ **メモ**

スプリアス発射
目的とする周波数以外の不要電波のこと。混信ばかりか、一般のテレビやラジオにも画像や音声を乱す害を与える。
①高調波発射
②低調波発射
③寄生発射
の3つがある。

▶▶▶ **フォローアップ**

アマチュア局の空中線電力の許容偏差
上限20%、下限なし。

(3)送信装置に必要な条件 📶

電波の周波数の安定のための条件は、次のように規定されています。

1 送信装置に関する規定

周波数をその許容偏差内に維持するため、送信装置は、できる限り電源電圧又は負荷の変化によって発振周波数に影響を与えないものでなければならない。（設則第15条）

電源電圧や負荷が変わったときに、周波数はわずかながら変化するんだ

対策としては、電源電圧を安定化させたり、発振器の後段に緩衝増幅器を入れたりして、周波数を安定させるよ

2 発振回路の方式に関する規定

周波数をその許容偏差内に維持するため、発振回路の方式は、できる限り外囲の温度若しくは湿度の変化によって影響を受けないものでなければならない。（設則第15条）

水晶発振回路でも、周りの温度が高くなったり低くなったりすると周波数は変化するよ。LC発振回路は特にそうだよ

発振周波数の偏差の許容値は厳しいので、発振回路のコイルのインダクタンスやコンデンサの静電容量が、温度や湿度の影響を受け、周波数が許容値を飛び出さないように注意しなければならないんだ

3 移動する局の送信装置に関する規定

移動するアマチュア局の送信装置は、実際上起こり得る振動又は衝撃によっても周波数をその許容偏差内に維持するものでなければならない。（設則第15条）

1 電波法

2 無線局の免許

3 無線設備

4 無線従事者

5 運用

6 監督

7 業務書類

8 国際電波法規

4 通信速度に関する規定（3級のみ）

> アマチュア局の送信装置は、通常使用する通信速度でできる限り安定に動作するものでなければならない。（設則第17条）

(4)空中線に必要な条件 🔊

空中線の条件は、次のように規定されています。

> 送信（受信）空中線の型式及び構成は、次の各号に適合するものでなければならない。
> ①空中線の利得及び能率がなるべく大であること。
> ②整合が十分であること。
> ③満足な指向特性が得られること。
> （設則第20・26条）

(5)変調の条件 🔊

通信装置の変調の条件は、次のように規定されています。

> アマチュア局の送信装置は、通信に秘匿性を与える機能を有してはならない。（設則第18条）

▶▶▶ フォローアップ
空中線の利得
同じ電力を加えたとき、ある基準のアンテナに対して、どのくらい余計に電波を飛ばせるかという性能の状態を示す度合い。

≡ チェック ≡

□ A3E……振幅変調・両側波帯、アナログ単一チャネル、電話。
□ J3E……振幅変調・抑圧搬送波・単側波帯、アナログ単一チャネル、電話。
□ F3E……周波数変調、アナログ単一チャネル、電話。
□ 電波の質……①周波数の偏差　②周波数の幅　③高調波の強度等
□ 送信装置の条件……電源電圧又は負荷の影響を受けない。
□ 発振回路方式の条件……周囲の温度・湿度の変化に影響を受けない。
□ 移動する局の条件……振動・衝撃にも周波数は許容偏差内を維持。
□ アマチュア局送信装置の条件……通信に秘匿性を与える機能を有しない。

4 無線従事者

4-1 無線従事者

出 題 例

【問題4】 第4級アマチュア無線技士が操作を行うことができる無線設備は、どの周波数電波を使用するものですか。次のうちから選びなさい。

(1) 21メガヘルツ以下
(2) 21メガヘルツ以上又は8メガヘルツ以下
(3) 8メガヘルツ以上
(4) 8メガヘルツ以上21メガヘルツ以下

(1) 無線従事者の資格とその操作範囲 🔊

　無線従事者はアマチュア無線技士のほか、「陸上無線技術士」や「総合無線通信士」「特殊無線技士」などのプロの資格を含めると23種類の資格があります。資格の種類によって、操作できる無線設備が決められています。以下はアマチュア無線技士の資格とその操作範囲をまとめたものです。

アマチュア無線技士の資格とその操作範囲

第1級 アマチュア無線技士	アマチュア無線局の無線設備の操作
第2級 アマチュア無線技士	アマチュア無線局の空中線電力200ワット以下の無線設備の操作
第3級 アマチュア無線技士	アマチュア無線局の空中線電力50ワット以下の無線設備で18メガヘルツ以上又は8メガヘルツ以下の周波数の電波を使用するものの操作
第4級 アマチュア無線技士	アマチュア無線局の無線設備で次に掲げるものの操作(モールス符号による通信操作を除く) ①空中線電力10ワット以下の無線設備で21メガヘルツから30メガヘルツまで、又は8メガヘルツ以下の周波数の電波を使用するもの ②空中線電力20ワット以下の無線設備で30メガヘルツを超える周波数の電波を使用するもの

1 電波法
2 無線局の免許
3 無線設備
4 無線従事者
5 運用
6 監督
7 業務書類
8 国際電波法規

(2) 無線従事者の免許 🔊

アマチュア無線技士になるには、
①国家試験に合格　　②養成課程を修了
のいずれかの方法によります。

◗ 資格別に行われる国家試験

各級アマチュア無線技士の国家試験は、国の指定を受けた指定試験機関として、（公財）日本無線協会が行っています。

この試験に合格し、申請をすることによって免許証が交付されます。

解答

(2) ▶4級では、空中線電力10ワット以下で周波数の範囲が21メガヘルツから30メガヘルツまで、又は8メガヘルツ以下。又は、20ワット以下で、周波数が30メガヘルツを超える電波。

〈受験申請〉　　〈国家試験〉　　〈合格〉　　〈免許申請〉　　　　〈免許証交付〉

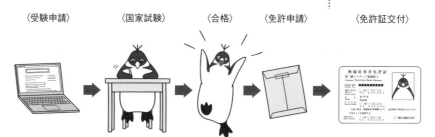

◗ 養成課程

総合通信局長が認定した養成課程で、認定を受けた会社などが行っています。この養成課程を修了した人については、認定を受けた会社などが免許の申請をまとめて行ってくれます。

〈養成課程〉　　〈修了〉　　〈免許申請〉　　　　〈免許証交付〉

認定を受けた会社などが
行っている。

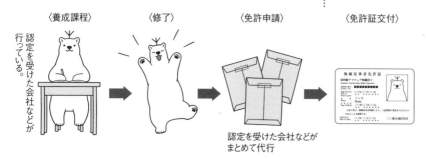

認定を受けた会社などが
まとめて代行

(3) 免許が与えられないことのある者 🔊

　国家試験は、年齢・性別・学歴等を問わずだれでも受験できますが、次に掲げる事項に該当する者には、国家試験に合格しても免許が与えられないことがあります。

①電波法に規定する罪を犯し罰金以上の刑に処せられ、その執行を終わり、又はその執行を受けることがなくなった日から2年を経過しない者。

②無線従事者の免許を取り消され、取消しの日から2年を経過しない者。

③視覚、聴覚、音声機能若しくは言語機能又は精神の機能の障害により無線従事者の業務を適正に行うに当たって必要な認知、判断及び意思疎通を適切に行うことができない者。

　③の規定は、アマチュア無線技士の場合は、精神の機能の障害により無線従事者の業務を適正に行うに当たって必要な認知、判断及び意思疎通を適切に行うことができない者を除き、適用しない。

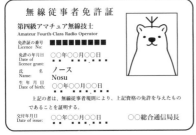

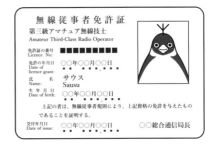

4級のアマチュア無線技士の無線従事者免許証を持っているよ。3級を取って、モールス符号を使いたいな

3級のアマチュア無線技士の無線従事者免許証を持っているよ。免許証は終身有効だよ

1 電波法

2 無線局の免許

3 無線設備

4 無線従事者

5 運用

6 監督

7 業務書類

8 国際電波法規

（4）無線従事者免許証

無線従事者免許証には、無線従事者の資格・免許証番号・免許年月日・免許を与えられた者の氏名と生年月日などが記載されています。免許は終身有効です。

免許証の取り扱いについては、以下のように定められています。

■ 免許証の携帯（施則第38条）

アマチュア無線技士は、その業務に従事しているときは、免許証を携帯していなければなりません。

② 免許証の再交付（従則第50条）

再交付の申請は、申請書に次の書類を添えて総務大臣又は総合通信局長に申請します。

①免許証を汚した又は破損したとき

　免許証と写真1枚

②免許証を紛失したとき

　写真1枚

> アマチュア局の再免許と混同してはならないんだ

▶▶▶ **メモ**

免許証と免許状

免許証……無線従事者の免許を証明するもので、免許は終身有効。

免許状……無線局の免許を証明するもので、免許の有効期間は免許の日から起算して5年。

▶▶▶ **フォローアップ**

免許証の返納（従則第51条）

①**免許の取消し処分時**
処分を受けた日から10日以内に返納。

②**死亡又は失そう宣告時**
戸籍法による届出義務者は、遅滞なく返納。

≡ チェック ≡

□ **4級の操作範囲**

モールス符号による通信操作を除いて、空中線電力10ワット以下で、周波数は21メガヘルツから30メガヘルツまで、又は8メガヘルツ以下。又は、空中線電力20ワット以下で、周波数は30メガヘルツを超える電波。

□ **3級の操作範囲**

空中線電力50ワット以下で、周波数18メガヘルツ以上又は8メガヘルツ以下。

□ **免許証**

①免許の取消しの処分を受けたときの返納は10日以内。

②死亡・失踪宣告を受けたときは、届出義務者が遅滞なく返納。

5-1 無線局の運用

【問題5】 次の文は目的外使用の禁止に関する電波法の規定であるが、(　　　)内
に入れるべき字句を次の中から選びなさい。

　無線局は、(　　　)に記載された目的又は通信の相手方若しくは通信事項の
範囲を超えて運用してはならない。

(1)　免許証　　　(2)　無線局事項書

(3)　免許状　　　(4)　無線局免許申請書

(1) 運用の通則 🔊

　無線局の運用方法は法令で決められています。

■ 目的外使用の禁止

> 無線局は、免許状に記載された目的又は通信の相手方若しくは通信事項の範囲
> を超えて運用してはならない。(法第52条)
> 無線局を運用する場合においては、無線設備の設置場所、識別信号(呼出符号)、
> 電波の型式及び周波数は、免許状に記載されたところによらなければならない。
> (法第53条)

　ここでいうアマチュア局の目的、通信の相手方、通信事項とは、

　①無線局の目的………アマチュア業務

　②通信の相手方………アマチュア局

　③通信事項……………アマチュア業務に関する事項

のことです。

1 電波法

2 無線局の免許

3 無線設備

4 無線従事者

5 運用

6 監督

7 業務書類

8 国際電波法規

2 目的外通信

　運用の原則は免許状に記載された目的などを守って運用することですが、次のような場合には例外的に目的外通信が認められます。

許される目的外通信

許される目的外通信	内容
遭難通信	船舶又は航空機が重大かつ急迫の危険に陥った場合に遭難信号を前置する方法その他総務省令で定める方法により行う無線通信。
緊急通信	船舶又は航空機が重大かつ急迫の危険に陥るおそれがある場合その他緊急の事態が発生した場合に緊急信号を前置する方法、その他総務省令で定める方法により行う無線通信。
安全通信	船舶又は航空機の航行に対する重大な危険を予防するために安全信号を前置する方法、その他総務省令で定める方法により行う無線通信。
非常通信	地震、台風、洪水、津波、雪害、火災、暴動その他非常の事態が発生し、又は発生するおそれがある場合において、有線通信を利用することができないか又はこれを利用することが著しく困難であるときに、人命の救助、災害の救援、交通通信の確保又は秩序維持のために行われる無線通信。
放送の受信	
その他総務省令で定める通信	

解答

(3) ▶ 免許状の範囲を超えて運用してはならない。ただし、「目的外通信を行うとき」は例外となる。

▶▶▶ フォローアップ

運用の原則に関する罰則規定

以下の運用原則を破った場合には、1年以下の懲役、又は100万円以下の罰金に処せられる。
①目的外通信の禁止
②免許状記載事項の遵守

▶▶▶ フォローアップ

秘密の保護に関する罰則規定

①無線局の取り扱い中に係る無線通信の秘密を漏らし、又は窃用した者は、1年以下の懲役又は50万円以下の罰金。
②無線通信の業務に従事する者がその業務に関し知り得た①の秘密を漏らし、又は窃用した者は、2年以下の懲役又は100万円以下の罰金。

3 空中線電力

> 無線局を運用する場合においては、空中線電力は、次の各号の定めるところによらなければならない。ただし、遭難通信については、この限りではない。
> ①免許状等に記載されたものの範囲内であること。
> ②通信を行うため必要最小のものであること。（法第54条）

遭難通信の場合は例外なんだ

「必要最小」を「最小限」とか「最小限度」などと覚えないように、そのまま試験に出題されるよ

4 混信などの防止（法第56条）

　無線局は、他の無線局等の運用を阻害するような混信、その他の妨害を与えてはなりません。ただし、遭難通信・緊急通信・安全通信・非常通信の場合においてはこの限りではありません。

5 擬似空中線回路の使用（法第57条）

　無線局の無線設備の機器の試験又は調整を行うために運用するときは、なるべく擬似空中線回路を使用しなければなりません。

6 秘密の保護

> 何人も法律に別段の定めがある場合を除くほか、特定の相手方に対して行われる無線通信を傍受してその存在若しくは内容を漏らし、又はこれを窃用してはならない。（法第59条）

窃用は「せつよう」と読むが、これは通信をしている者の意思に反して用いることだよ

「存在若しくは内容を漏らし」というなかには、受信したときのメモ書きなど、他人に見られる状態にしておくことも含まれるんだ

(2) 運用の特則 🎵

アマチュア局を運用するときの禁止事項になります。

■1 暗語の使用禁止(法第58条)

アマチュア局の行う通信には、暗語を使用してはなりません。暗語というのは、通信する互い同士だけに意味が通じ、それ以外の者には通じないことばのことです。

168、169ページにあるQ符号や略符号と、暗語は違うんだ

■2 発射の制限(運則第257条)

アマチュア局は、その発射の占有する周波数帯幅に含まれているいかなるエネルギーの発射も、その局が動作することを許された周波数帯から逸脱してはなりません。

■3 電波の発射中止(運則第258条)

アマチュア局は、自局の発射する電波が他の無線局の運用又は放送の受信に支障を与え、若しくは与えるおそれがあるときは、速やかにその周波数による電波の発射を中止しなければなりません。ただし、非常通信などの重要な通信を行う場合はこの限りではありません。

▶▶▶ フォローアップ
時計の備え付け
無線局には、正確で、運用中容易に見ることのできる時計を備え付けておく必要がある。法的には備え付けの義務はなくなったが、無線局運用にはなくてはならない。

▶▶▶ メモ
中央標準時と協定世界時
中央標準時……兵庫県明石市を通る東経135度の線を基準とした時刻。JST(Japan Standard Time)ともいう。
協定世界時……国際的な基準とする時刻。中央標準時との差はマイナス9時間である。

▶▶▶ メモ
オフバンド
アマチュア無線に割り当てられた周波数帯の外の帯域のこと。

1 電波法
2 無線局の免許
3 無線設備
4 無線従事者
5 運用
6 監督
7 業務書類
8 国際電波法規

4 他人の依頼による通信の禁止（運則第259条）

アマチュア局の送信する通報は、他人の依頼によるものであってはなりません。

アマチュア業務の定義は、「金銭上の利益のためでなく、もっぱら個人的な無線技術の興味によって行う自己訓練、通信及び技術的研究の業務」だ

5 アマチュア局の無線設備の操作（運則第260条）

アマチュア局の無線設備の操作を行う者は、そのアマチュア局の免許人以外の者であってはなりません。たとえば無線従事者の免許を持っている友人がいた場合に、その友人が自分のアマチュア局として運用することはできません。しかし、訪問者（ゲストオペレータ）として訪問する局の呼出符号で運用する場合は、その局の免許人の操作として運用することができます。また、家庭内や学校等で資格を有する保護者、教員等の監督（指揮・立ち合い）により、一定の条件の下で学齢児童生徒（小中学生）がアマチュア無線の交信を体験することができます。

免許人が社団のアマチュア局の場合は、その局の構成員でなければ操作運用できないんだ

=== チェック ===

□ 運用の通則
　①目的外使用の禁止
　②許される目的外通信
　a 遭難通信　b 緊急通信　c 安全通信　d 非常通信　e 放送の受信　f その他総務省令で定める通信
　③秘密の保護
　④空中線電力……免許状に記載された範囲内で必要最小
　⑤混信などの防止　⑥擬似空中線回路の使用　⑦暗語の使用禁止
□ 運用の特則
　①発射の制限……動作が許された周波数帯からの逸脱禁止
　②他人の依頼による通信の禁止
　③電波の発射中止……他局に迷惑がかかるおそれがあるときは電波発射中止
　④無線設備の操作……免許人以外の運用の禁止

5-2 無線通信の原則と業務用語

出題例

【問題6】無線局運用規則において、無線通信の原則として規定されているものは、次のうちどれですか。

(1) 無線通信は、長時間継続して行ってはならない。
(2) 無線通信に使用する用語は、できる限り簡潔でなければならない。
(3) 無線通信は、有線通信を利用することができないときに限り行うものとする。
(4) 無線通信を行う場合においては、略符号以外の用語を使用してはならない。

(1) 無線通信の原則

無線通信を行う場合には、次の4つの原則にのっとって無線局の運用を行わなければなりません。

①必要のない無線通信は、これを行ってはならない。
②無線通信に使用する用語は、できる限り簡潔でなければならない。
③無線通信を行うときは、自局の識別信号を付して、その出所を明らかにしなければならない。
④無線通信は、正確に行うものとし、通話上の誤りを知ったときは、直ちに訂正しなければならない。
(運則第10条)

メモ

識別信号

これは自局の呼出符号(コールサイン)のことである。この呼出符号さえわかれば、その局がどこの国籍で、どのような業務を行っている無線局であるのかがわかるようになっている。
したがって、「出所を明らかにする」というのは、電波を発射している場所のことではない。

(2) Q符号・略符号・モールス符号 📶

　無線通信で使われる業務用語にQ符号や略符号があります。Qから始まる3文字の符号です。モールス符号は3級の試験範囲ですので覚えなければなりません。

（Q符号）

Q符号	問い	答え、または通知
QRA	貴局名は、何ですか。	当局名は、……です。
QRK	こちらの信号(または……(呼出符号)の信号)の明りょう度は、どうですか。	そちらの信号(または……(呼出符号)の信号)の明りょう度は、 1.悪いです　2.かなり悪いです　3.かなり良いです　4.良いです　5.非常に良いです
QRM	こちらの伝送は、混信を受けていますか。	そちらの伝送は、 1.混信を受けていません　2.少し混信を受けています 3.かなりの混信を受けています　4.強い混信を受けています 5.非常に強い混信を受けています
QRU	そちらは、こちらへ伝送するものがありますか。	こちらは、そちらへ伝送するものはありません。
QRX	そちらは、何時に再びこちらを呼びますか。	こちらは、……時に(……kHz(またはMHz)で)再びそちらを呼びます。
QRZ	だれがこちらを呼んでいますか。	そちらは、……から(……kHz(またはMHz)で)呼ばれています。
QSA	こちらの信号(または……(呼出符号)の信号)の強さは、どうですか。	そちらの信号(または……(呼出符号)の信号)の強さは、 1.ほとんど感じません　2.弱いです　3.かなり強いです 4.強いです　5.非常に強いです
QSL	そちらは、受信証を送ることができますか。	こちらは、受信証を送ります。
QSW	そちらは、この周波数(または……kHz(もしくはMHz)で)(種別……の発射で)送信してくれませんか。	こちらは、この周波数(または……kHz(もしくはMHz))で(種別……の発射で)送信しましょう。
QSY	こちらは、他の周波数に変更して伝送しましょうか。	他の周波数(または……kHz(もしくはMHz))に変更して伝送してください。
QTH	緯度及び経度で示す(または他の表示による)そちらの位置は、何ですか。	こちらの位置は、緯度……、経度……(または他の表示による)です。

（注）Q符号を問いの意義に使用するときは、Q符号の次に問符を付けます。

略符号（3級用）・略語

略符号 （無線電信）	略語（無線電話）	意義
A̅R̅	終わり	送信の終了符号
A̅S̅	お待ちください	送信の待機を要求する符号
B̅T̅		同一の伝送の異なる部分を分離する符号
CQ	各局	各局あて一般呼出し
DE	こちらは	……から（呼出局の呼出符号または他の識別表示に前置して使用する）
EX	ただいま試験中	機器の調整または実験のため調整符号を発射するときに使用する。
EXZ		欧文の非常通報の前置符号
H̅H̅	訂正	欧文通信、及び自動機通信の訂正符号
HR		通報を送信します。
K	どうぞ	送信してください。
NIL		こちらは、そちらに送信するものがありません。
OK		こちらは、同意します（または、よろしい）。
O̅S̅O̅	非常	非常符号
R	了解	受信しました。
R̅P̅T̅	反復	反復してください（または、こちらは反復します）（または、……を反復してください）。
S̅O̅S̅	遭難またはメーデー	遭難信号
TU		ありがとう。
V̅A̅	さようなら	通信の完了符号
VVV	本日は晴天なり	調整符号

(注)文字の上に線を付した略符号は、その全部を1符号として送信するモールス符号とする。

解答

(2) ▶ 無線通信の原則

①必要のない通信は行わない。
②用語はできる限り簡潔に。
③自局の呼出符号を付して出所を明確に。
④誤りを知ったときには直ちに訂正。

1 電波法
2 無線局の免許
3 無線設備
4 無線従事者
5 運用
6 監督
7 業務書類
8 国際電波法規

モールス符号抜粋（3級用）

文字		合調語法
- ―	A	あ（A）れー　（亜鈴）
― - - -	B	ぼ（B）ーたおす　（棒倒す）
― - ― -	C	チ（C hi）ープルーム
― - -	D	ど（D）ーとく　（道徳）
-	E	え（E）　（絵）
- - ― -	F	ふ（F）るどーぐ　（古道具）
― ― -	G	ご（G）ーじょーだ　（強情だ）
- - - -	H	は（H）いおく　（廃屋）
- -	I	い（I）し　（石）
- ― ― ―	J	じ（J）ゆーそーこー　（自由走行）
― - ―	K	け（K）ーしちょー　（警視庁）
- ― - -	L	る（L）ろーする　（流浪する）
― ―	M	メ（M）ーカー
― -	N	ノ（N）ート
― ― ―	O	お（O）ーきゅーほー　（応急法）
- ― ― -	P	プ（P）レーボール
― ― - ―	Q	きゅ（Q）ーきゅーしきゅー　（救急至急）
- ― -	R	レ（R）コード
- - -	S	す（S）すめ　（進め）
―	T	ティ（T）ー　（tea）
- - ―	U	う（U）ちわー
- - - ―	V	ビ（V）クトリー
- ― ―	W	わ（W）よーふー　（和洋風）
― - - ―	X	エークス（X）レー　（Xray）
― - ― ―	Y	よ（Y）ーちこーしょー　（用地交渉）
― ― - -	Z	ざ（Z）ーざーあめ　（ざーざー雨）

数字	
- ― ― ― ―	1
- - ― ― ―	2
- - - ― ―	3
- - - - ―	4
- - - - -	5
― - - - -	6
― ― - - -	7
― ― ― - -	8
― ― ― ― -	9
― ― ― ― ―	0

(注)無線電信講習所で開発された合調語法を元
　　に作成。

合調語法は、モールス符号を覚
えるときの語呂合わせだよ。
例えば「A」のモールス符号
は短い「あ（A）」が「-」で、
長い「れー」が「―」で、
「- ―」と覚えるよ

5-2　無線通信の原則と業務用語

1 電波法

2 無線局の免許

3 無線設備

4 無線従事者

5 運用

6 監督

7 業務書類

8 国際電波法規

モールス符号抜粋（3級用）

記号	
·—·—·—	・終点
··——··	？疑符
—·——·	（ 左カッコ
—·——·—	） 右カッコ
—··—·	／斜線または除法の記号
·——·—·	＠単価記号
数字の略体	
·—	1
··—	2
···—	3
····—	4
·····	5
—····	6
—····	7
—··	8
—·	9
—	0

(注)符号の線及び間隔
①1線の長さは3点に等しい。
②1符号を作る各線、または点の間隔は1点に等しい。
③2符号の間隔は3点に等しい。
④2語の間隔は7点に等しい。

電信のモールス符号には、和文もあるよ

═ チェック ═

☐ 無線通信の原則
　①必要のない通信は行わない
　②用語はできる限り簡潔にする
　③自局の呼出符号を付して電波の出所を明確にする
　④通信は正確に行い、誤りを知ったら直ちに訂正する

5-3 無線通信の方法

出題例

【問題7】アマチュア局の無線電話通信における呼出しは、次のどれによって行わなければならないか。正しいものを選びなさい。

(1) ① 相手局の呼出符号……… 3回以下
    ② こちらは………………… 1回
    ③ 自局の呼出符号………… 3回以下
(2) ① 相手局の呼出符号……… 3回以下
    ② こちらは………………… 2回
    ③ 自局の呼出符号………… 3回以下
(3) ① 相手局の呼出符号……… 3回
    ② こちらは………………… 3回
    ③ 自局の呼出符号………… 3回
(4) ① 相手局の呼出符号……… 5回
    ② こちらは………………… 1回
    ③ 自局の呼出符号………… 5回

(1) 呼出しを行うために電波を発射する前の措置 📶

アマチュア局が電波を発射する前に行うことは、無線局運用規則に定められています。

①アマチュア局は、相手局を呼び出そうとするときは、電波を発射する前に、次の措置を行わなければならない。
a 受信機を最良の感度に調整する。
b 自局の発射しようとする電波の周波数その他必要と認める周波数によって聴守し、他の通話に混信を与えないことを確かめなければならない。
c ただし、非常通信等を行う場合及び他の通信に混信を与えないことが確実である電波により通信を行う場合には、この限りでない。
②①の場合において、他の通信に混信を与えるおそれがあるときは、その通信が終了した後でなければ呼出しを行ってはならない。(運則第19条の2)

1 電波法
2 無線局の免許
3 無線設備
4 無線従事者
5 運用
6 監督
7 業務書類
8 国際電波法規

(2) 呼出しの方法 🔊

解答

(1)

　どのようなアマチュア局を呼び出すかによって、呼出しの方法が違います。 無線電話 は4級、 無線電信 は3級の場合です。

1 特定のアマチュア局(1局)を呼び出す場合(運則第20条)

無線電話
① 相手局の呼出符号 ………3回以下
② こちらは ……………………1回
③ 自局の呼出符号 …………3回以下

無線電信
① 相手局の呼出符号 ………3回以下
② DE ………………………………1回
③ 自局の呼出符号 …………3回以下

この場合の①〜③までのひとくぎりを呼出事項というんだ。これから後のいろいろな通信方法で出てくるので覚えておこう

②の「こちらは」と「DE」はどの場合にも必ず1回。試験では正解のポイントになるよ

2 不特定のアマチュア局を呼び出す場合(運則第127・261条)

無線電話
① CQ………………………………3回
② こちらは ……………………1回
③ 自局の呼出符号 …………3回以下
④ どうぞ …………………………1回

無線電信
① CQ………………………………3回
② DE………………………………1回
③ 自局の呼出符号 …………3回以下
④ K…………………………………1回

「CQ」とは、無線電話の場合には「各局」ともいうんだ。「だれでもいいから電波を受信したアマチュア局は応答してください」という意味なんだ

3 特定地域にある不特定なアマチュア局を呼び出す場合(運則第127条)

無線電話
① CQ 地域名 ……………………2回以下
② こちらは ……………………1回
③ 自局の呼出符号 …………3回以下
④ どうぞ …………………………1回

無線電信
① CQ 地域名 ……………………2回以下
② DE………………………………1回
③ 自局の呼出符号 …………3回以下
④ K…………………………………1回

(3) 呼出しの反復と中止 📶

アマチュア局は呼出しを反復することができますが、混信を与えるおそれがあるときは中止しなければなりません。

1 呼出しの反復(運則第21条)

呼出しは、1分間以上の間隔をおいて2回反復することができます。アマチュア局が呼出しを反復しても応答がないときは、他に混信を与えるおそれがないと認められる場合を除き、できる限り、少なくとも3分間の間隔をおかなければ、呼出しを再開してはなりません。

2 呼出しの中止(運則第22条)

アマチュア局は、自局の呼出しが他のすでに行われている通信に混信を与える旨の通知を受けたときは、直ちにその呼出しを中止しなければなりません。

なお、混信を受けている旨の通知を受けたアマチュア局は、分で表す概略の待つべき時間を示すものとします。

(4) 応答の方法 📶

アマチュア局は、自局に対する呼出しを受けたときは直ちに応答しなければなりません。

1 自局に対する呼出しを受け、直ちに通報を受信しようとする場合(運則第23条)

無線電話		無線電信	
① 相手局の呼出符号	3回以下	① 相手局の呼出符号	3回以下
② こちらは	1回	② DE	1回
③ 自局の呼出符号	1回	③ 自局の呼出符号	1回
④ どうぞ	1回	④ K	1回

応答に際して直ちに通報を受信することができない事由があるときは、「K」の代わりに「AS」(無線電信の場合)または「どうぞ」の代わりに「お待ちください」(無線電話)及び分で表す概略の待つべき時間を送信するものとします。

また、概略の待つべき時間が10分以上のときは、その理由を簡単に送信しなければなりません。

2 自局に対する呼出しを受けたが、呼出局の呼出符号が不確実な場合で、直ちにその局との通信を行うために応答する場合（運則第26条）

無線電話

① だれかこちらを呼びましたか…3回以下
② こちらは …………………………… 1回
③ 自局の呼出符号 ……………………… 1回
④ どうぞ ……………………………… 1回

無線電信

① QRZ？ …………………………… 3回以下
② DE……………………………………… 1回
③ 自局の呼出符号 ……………………… 1回
④ K………………………………………… 1回

3 自局を呼び出しているかどうか確実でない呼出しを受信した場合（運則第26条）

その呼出しが反復され、かつ、自局に対する呼出しであることが確実に判明するまで応答してはなりません。

2 は自局への呼出しであることは確実だが、相手方の呼出符号が不確実。3 は、自局を呼び出しているのかどうかが不確実な場合

```
CQ  CQ  CQ
こちらは
JS9SUS
JS9SUS
JS9SUS
どうぞ
```

```
JS9SUS
JS9SUS
JS9SUS
こちらは
JS0NOS
どうぞ
```

1 電波法

2 無線局の免許

3 無線設備

4 無線従事者

5 運用

6 監督

7 業務書類

8 国際電波法規

(5) 通報を送信する方法と通報の反復 📶

呼出し、応答に続いて、通報の送信を行います。

■1 通報を送信する場合の方法(運則第29条)

<table>
<tr><td>無線電話</td><td>無線電信</td></tr>
<tr><td>① 相手局の呼出符号 ……… 1回</td><td>① 相手局の呼出符号 ……… 1回</td></tr>
<tr><td>② こちらは …………………… 1回</td><td>② DE………………………………… 1回</td></tr>
<tr><td>③ 自局の呼出符号 ………… 1回</td><td>③ 自局の呼出符号 ………… 1回</td></tr>
<tr><td>④ 通報……………………………… ——</td><td>④ 通報……………………………… ——</td></tr>
<tr><td>⑤ どうぞ …………………………… 1回</td><td>⑤ K ……………………………………… 1回</td></tr>
</table>

なお、呼出しに使用した電波と同一の電波により通報を送信する場合は、①②及び③の事項の送信を省略することができます。

通報は、和文の場合は「ラタ」、欧文の場合は「AR」(無線電信の場合)、「終わり」(無線電話の場合)をもって終了するものとします。

■2 通報の反復(運則第32・33条)

相手局に対し通報の反復を求めようとするときは、「RPT」(無線電信の場合)または「反復」(無線電話の場合)の次に反復する箇所を示すものとします。

また、送信した通報を反復して送信するときは、1字もしくは1語ごとに反復する場合または略符号を反復する場合を除いて、その通報の各通ごと、または一連続ごとに「RPT」(無線電信の場合)または「反復」(無線電話の場合)を前置するものとします。

業務通信で、「通報」とは電報のことだね

アマチュア無線の交信で、「通報」とは話しをすることだよ

(6) その他の通信方法 📶

その他、通報の受信証、送信の終了、通信の終了など
の通信方法も覚えましょう。

1 通報の受信証（運則第37条）

無線電話
① 相手局の呼出符号 ················· 1回
② こちらは ·························· 1回
③ 自局の呼出符号 ··················· 1回
④ 了解または OK ···················· 1回
⑤ 最後に受信した通報番号、または受
　信した通報の通数を示す数字··· 1回

無線電信
① 相手局の呼出符号 ················· 1回
② DE······························· 1回
③ 自局の呼出符号 ··················· 1回
④ R······························· 1回
⑤ 最後に受信した通報番号、または受
　信した通報の通数を示す数字··· 1回

海上移動業務以外の業務においては、①から③までに
掲げる事項の送信を省略することができます。

アマチュア局の通信では、
①から③の送信を省略する
ことができるんだ

通報の番号がなければ、⑤
は省略できるよ

2 送信の終了（運則第36条）

無線電話
① こちらは、そちらに送信するもの
　がありません ·················· 1回
② どうぞ ·························· 1回

無線電信
① QRU 又は NIL······················ 1回
② K································ 1回

3 通信の終了（運則第38条）

通信が終了したときは「$\overline{\text{VA}}$」（無線電信の場合）または
「さようなら」（無線電話の場合）を送信するものとしま
す。

ただし、海上移動業務以外の業務においては、これを
省略することができます。

1 電波法
2 無線局の免許
3 無線設備
4 無線従事者
5 運用
6 監督
7 業務書類
8 国際電波法規

4 呼出し・応答の簡易化(運則第126条)

①呼出しの簡易化

　空中線電力50W以下の無線設備を使用して呼出しを行う場合において、確実に連絡の設定ができると認められるときは、呼出事項のうち「DE」(無線電信の場合)または「こちらは」(無線電話の場合)及び「自局の呼出符号……3回以下」の送信を省略することができます。

②応答の簡易化

　空中線電力50W以下の無線設備を使用して応答を行う場合において、確実に連絡の設定ができると認められるときは、応答事項のうち「相手局の呼出符号……3回以下」の送信を省略することができます。

　ただし、これら①②の呼出しまたは応答を行った場合は、その通信中少なくとも1回以上、自局の呼出符号を送信しなければなりません。

5 通報の長時間の送信(運則第30条)

　アマチュア局は、長時間継続して通報を送信するときは、10分ごとを標準として適当に「DE」(無線電信の場合)または「こちらは」(無線電話の場合)及び自局の呼出符号を送信しなければなりません。

「必要のない無線通信を行わない」「無線通信を行うときは、自局の呼出符号を付して、その出所を明らかにする」。この無線通信の原則に照らし合わせば、呼出しの簡易化も、長時間の送信時に10分ごとに自局の呼出符号を送信する意味も理解できるんだ

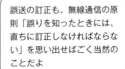

誤送の訂正も、無線通信の原則「誤りを知ったときには、直ちに訂正しなければならない」を思い出せばごく当然のことだよ

6 誤送の訂正(運則第31条)

　送信中において誤った送信をしたことを知ったときは、次に掲げる略符号を前置して、正しく送信した適当な語字からさらに送信しなければなりません。

無線電話
・「訂正」

無線電信
・「HH」または「ラタ」

1 電波法
2 無線局の免許
3 無線設備
4 無線従事者
5 運用
6 監督
7 業務書類
8 国際電波法規

7 周波数の変更（運則第34条）

①周波数等の変更を要求する場合

　通信中において、混信の防止その他の必要により使用電波の型式、または周波数の変更を要求しようとするときは、次の事項を順次送信して行うものとします。

▶▶▶ フォローアップ
QSW?
「そちらは、この周波数で送信してくれませんか」の意。

無線電話

そちらは、～（周波数、または電波の型式及び周波数）に変えてください ……………………… 1回

無線電信

① QSUまたはQSWもしくはQSY… 1回
② 変更によって使用しようとする周波数（または電波の型式及び周波数） ………………………… 1回
③ ？（QSWを送信したときに限る） ……………………… 1回

②相手局の要求により周波数を変更する場合

　相手局から、自局の送信する電波の周波数等の変更を求められ、これに応じようとするときは、次の事項を送信して行います。

▶▶▶ フォローアップ
QSY
「こちらは、他の周波数に変更して伝送しましょうか」の意。

無線電話

① 了解またはOK ……………… 1回
② こちらは、～（周波数等）に変更します ……………… 1回

無線電信

① R ……………………………… 1回
② QSW ………………………… 1回
③ 変更によって使用しようとする周波数（または電波の型式及び周波数） ………………………… 1回

≡ チェック ≡

□ 呼出事項中の「こちらは」「DE」……どの場合でも必ず1回のみ。
□ 呼出しの反復……少なくとも3分間の間隔をおく。
□ 自局の呼出し……直ちに応答し、待たせるときは分で表す概略の時間を相手方に告げる。
□ 自局の呼出しかどうか不確実な場合……自局に対する呼出しが確実であると判明するまで応答してはならない。

5-4 試験電波の発射の方法

出 題 例

【問題8】 アマチュア局が無線機器の試験又は調整のため電波を発射する場合、「本日は晴天なり」の連続及び自局の呼出符号の送信に、必要があるときを除き超えてはならない時間は、次のうちどれですか。

(1) 5秒間　　(2) 10秒間

(3) 20秒間　　(4) 30秒間

(1) 試験電波を発射する前の措置

　アマチュア局は、試験又は機器の調整のために電波を発射するときは、他局の通信に混信を与えないように注意が必要です。

1 擬似空中線回路の使用

> 無線局は、無線設備の機器の試験又は調整を行うために運用するときは、なるべく擬似空中線回路を使用しなければならない。(法第57条)

2 試験電波を発射する前の聴守

> 無線局は、無線機器の試験又は調整のため電波の発射を必要とするときは、発射する前に自局の発射しようとする電波の周波数及びその他必要と認める周波数によって聴守し、他の無線局の通信に混信を与えないことを確かめなければならない。(運則第39条)

送信機からの出力を空中線につなぐかわりに、擬似空中線回路につなぐと、外に電波を発射しないで無線機器の試験や調整ができるんだ

3 試験電波の発射の方法(運則第39条)

　試験電波を発射する前の聴守により、他の局の通信に混信を与えないことを確かめたときは、次の符号を順次送信し、さらに1分間聴守を行い、他の無線局から停止請求がない場合に限り「VVV」(無線電信の場合)または、「本日は晴天なり」(無

線電話の場合)の連続及び自局の呼出符号を1回送信しなければなりません。この場合において、「VVV」または「本日は晴天なり」の連続及び自局の呼出符号の送信は、10秒間を超えてはなりません。

無線電話

① ただいま試験中 …………… 3回
② こちらは ……………………… 1回
③ 自局の呼出符号 ……………… 3回

ここまで送信したら、さらに1分間聴守を行い、他の無線局から停止の請求がない場合に限り、以下を送信する。

④ 本日は晴天なり ……………連続
⑤ 自局の呼出符号 ……………… 1回

無線電信

① EX ……………………………… 3回
② DE …………………………… 1回
③ 自局の呼出符号 ……………… 3回

④ VVV ……………………………連続
⑤ 自局の呼出符号 ……………… 1回

雨の日でも「本日は晴天なり」という。これは略語のひとつだよ

▶▶▶ **フォローアップ**

試験電波発射10秒間の例外(運則第39条)

アマチュア局にあっては、必要があるときは、10秒間を超えて「VVV」もしくは「本日は晴天なり」の連続、及び自局の呼出符号の送信をすることができる。

4 試験電波発射の中止(運則第22条)

他のすでに行われている通信に混信を与える旨の通知を受けたときは、直ちにその電波の発射を中止しなければなりません。

≡ **チェック** ≡

□ 無線設備の機器の試験又は調整……なるべく擬似空中線回路を使う。
□ 試験電波発射の前
　発射しようとする自局の電波の周波数、その他必要と認める周波数を聴守し、他局へ混信を与えないことを確認する。
□ 試験電波の発射

無線電話		無線電信	
①ただいま試験中 ………… 3回		① EX ……………………… 3回	
②こちらは ………………… 1回		② DE …………………… 1回	
③自局の呼出符号 ………… 3回		③自局の呼出符号 ………… 3回	
④本日は晴天なり ………連続		④ VVV ……………………連続	
⑤自局の呼出符号 ………… 1回		⑤自局の呼出符号 ………… 1回	

1 電波法
2 無線局の免許
3 無線設備
4 無線従事者
5 運用
6 監督
7 業務書類
8 国際電波法規

5-5　非常の場合の無線通信

【問題9】非常の場合の無線通信において、無線電話により連絡を設定するための
呼出しは、次のどれによって行うことになっていますか。
(1)　呼出事項に「非常」1回を前置する。
(2)　呼出事項に「非常」3回を前置する。
(3)　呼出事項の次に「非常」1回を送信する。
(4)　呼出事項の次に「非常」3回を送信する。

(1) 非常通信と非常の場合の無線通信 🔊

　非常通信と非常の場合の無線通信の違いは、「有線通信を利用することができない
か又はこれを利用することが著しく困難であるとき」という条件の違いです。また、
非常の場合の通信は、総務大臣が無線局に行わせます。

■ 非常通信

地震・台風・洪水・津波・雪害・火災・暴動その他非常の事態が発生し、又は
発生するおそれがある場合において、有線通信を利用することができないか又
はこれを利用することが著しく困難であるときに人命の救助、災害の救援、交
通通信の確保又は秩序の維持のために行われる無線通信をいう。(法第52条)

■ 非常の場合の無線通信

総務大臣は、地震・台風・洪水・津波・雪害・火災・暴動その他非常の事態が
発生し、又は発生するおそれがある場合においては、人命の救助、災害の救援、
交通通信の確保又は秩序の維持のために必要な通信を無線局に行わせることが
できる。
総務大臣が前項の規定により無線局に通信を行わせたときは、国は、その通信
に要した実費を弁償しなければならない。(法第74条)

(2) 通信方法等 🎵

非常の場合の通信方法は、下記のとおりです。

① 呼出し及び応答の方法(運則第131条)

連絡を設定するための呼出し又は応答は、呼出し事項又は応答事項に「$\overline{OSO}$」(無線電信の場合)又は「非常」(無線電話の場合) 3回を前置して行うものとします。

② 一般呼出し(運則第133条)

各局あて又は特定の無線局あての一般呼出しを行う場合は、「CQ」又は「相手局の呼出符号」の送信の前に前置して「$\overline{OSO}$」(無線電信の場合)又は「非常」(無線電話の場合) 3回を送信するものとします。

③ 通報の送信方法(運則第135条)

通報を送信しようとするときには、「ヒゼウ」(和文の場合)「EXZ」(欧文の場合)を前置して行うものとします。

④「非常」を前置した呼出しを受信した場合(運則第132条)

「$\overline{OSO}$」又は「非常」を前置した呼出しを受信したアマチュア局は、応答する場合を除き、これに混信を与えるおそれのある電波の発射を停止して、傍受しなければなりません。

⑤ 非常の場合の無線通信の訓練のための通信(運則第135条)

訓練のために行う通信は、呼出し又は応答に際して使用する「$\overline{OSO}$」又は「非常」並びに通報に前置して使用する「ヒゼウ」又は「EXZ」の代わりに「クンレン」を使用します。

解答

(2)▶無線電信の場合には呼出事項に、「$\overline{OSO}$」3回を前置する。

▶▶▶ **フォローアップ**

取扱いの停止(運用第136条)

非常通信の取扱いを開始した後、有線通信の状態が復旧した場合は、速やかにその取扱いを停止しなければならない。

「非常通信」と「非常の場合の無線通信」を混同しないように!

≡ チェック ≡

□ 非常通信の条件
　①有線通信を利用することができない場合
　②有線通信を利用することが著しく困難な場合
□ 非常の場合の無線通信
　①総務大臣が無線局に通信を行わせる
　②国は通信に要した実費を弁償する

1 電波法
2 無線局の免許
3 無線設備
4 無線従事者
5 運用
6 監督
7 業務書類
8 国際電波法規

6 監督

6-1 監督業務の内容

出 題 例

【問題10】 無線局が総務大臣から臨時に電波の発射の停止を命ぜられることがある場合は、次のうちどれか。

(1) 暗語を使用して通信を行ったとき。

(2) 発射する電波が他の無線局の通信に混信を与えたとき。

(3) 免許状に記載された空中線電力の範囲を超えて運用したとき。

(4) 発射する電波の質が総務省令で定めるものに適合していないと認められるとき。

(1) 電波発射の停止

アマチュア局の発射する電波の質(①周波数の偏差、②周波数の幅、③高調波の強度等)が、総務省令で規定している範囲内でないときは、総務大臣はその局に対して臨時に電波の発射の停止を命ずることができます。

> 総務大臣は、無線局の発射する電波の質が、総務省令(法第28条)で定めるものに適合していないと認めるときは、当該無線局に対して臨時に電波の発射の停止を命ずることができる。(法第72条)

■ アマチュア局の対応(法第72条)

①直ちにその電波の発射を停止する。

②電波の質が総務省令で定めるものに適合するように、送信装置などの調整を行い、そのことを総務大臣に届け出る。

② 試験電波の発射と停止の解除(法第72条)

総務大臣は、上記の届け出があったアマチュア局に対して試験的に電波を発射をさせ、その電波の質が総務省令で定めるものに適合しているときは、直ちに電波の発射の停止を解除しなければなりません。

電波監理のために、無線局の発射する電波は24時間監視されているよ

1 電波法

2 無線局の免許

3 無線設備

4 無線従事者

5 運用

6 監督

7 業務書類

8 国際電波法規

(2) 臨時検査と検査の結果 🔊

アマチュア局は、総務大臣から臨時に電波の発射の停止が命じられたときは、無線設備等の検査を受けることがあります。

1 臨時検査

総務大臣は、次の場合にはその職員をアマチュア局に派遣し、その無線設備等の検査をさせることができます。

①アマチュア局に対して、臨時に電波の発射の停止を命じたとき。

②臨時に電波の発射の停止を命じられたアマチュア局から、電波の質が総務省令で定めるものに適合するに至った旨の申し出があったとき。

③電波法の施行を確保するため特に必要があるとき。

2 検査の結果(施則第39条)

総務大臣(又は総合通信局長)は、その結果に関する事項を検査結果通知書により免許人に通知します。

3 免許人の対応(施則第39条)

免許人は、検査の結果について総務大臣(又は総合通信局長)から指示を受け相当な措置をしたときは、速やかにその措置内容を総務大臣(又は総合通信局長)に報告しなければなりません。

(3) 無線局の免許と無線従事者の免許の取消し等 🔊

無線局の免許と無線従事者の免許について、取消しや制限をされることがありますが、それらは別に規定されています。

解答

(4)

▶▶▶ フォローアップ
法第72条の罰則規定)
法第72条の規定によって電波の発射を停止された無線局を運用したものは、1年以下の懲役または100万円以下の罰金に処せられる。(法第110条)

▶▶▶ フォローアップ
無線設備等
無線設備、無線従事者の資格及び員数並びに時計及び書類のことをいいます。アマチュア局には時計の備え付けの必要はありません。

1 無線局の運用の停止又は制限

> 総務大臣は、免許人がこの法律、放送法若しくはこれらの法律に基づく命令又はこれらに基づく処分に違反したときは、3か月以内の期間を定めて無線局の運用の停止を命じ、又は期間を定めて運用許容時間、周波数若しくは空中線電力を制限することができる。(法第76条)

2 無線局の免許の取消し

①無線局の免許が取り消される場合(法第75条)

総務大臣は、免許人がアマチュア局の免許を受けることができない者(欠格事由該当者)になったときは、アマチュア局の免許を取り消します。

②無線局の免許を取り消されることがある場合(法第76条)

a 正当な理由がないのに、アマチュア局の運用を引き続き6か月以上休止したとき。

b 不正な手段によりアマチュア局の免許又は通信事項若しくは無線設備の設置場所の変更の許可を受けたとき。

c 不正な手段により無線設備の変更の工事の許可を受けたとき。

d 不正な手段によりアマチュア局に指定される電波の型式及び周波数、呼出符号、空中線電力並びに運用許容時間にかかる指定の変更を受けたとき。

e アマチュア局の運用の停止を命ぜられ、又はアマチュア局の運用許容時間、周波数若しくは空中線電力の制限を受けたにもかかわらず、これに従わないとき。

f 免許人が、電波法又は放送法に規定する罪を犯し、罰金以上の刑に処せられ、その執行を終わり、またはその執行を受けることがなくなった日から2年を経過しない者となったとき。

3 無線従事者の免許の取消し及び業務従事停止

> 総務大臣は、無線従事者が以下の各号の一に該当するときは、その免許を取消し、又は3か月以内の期間を定めてその業務に従事することを停止することができる。
> ①この法律若しくはこの法律に基づく命令又はこれらに基づく処分に違反したとき。
> ②不正な手段により免許を受けたとき。
> ③著しく心身に欠陥があって無線従事者たるに適さない者に該当するようになったとき。(法第79条)

この規定により業務に従事することを停止されたのち、無線設備の操作を行った者は、30万円以下の罰金に処せられます。

(4) 報告 🔊

1 報告（法第80条）

無線局の免許人は、以下の場合は総務省令で定める手続きにより、総務大臣に報告しなければなりません。

①非常通信等の重要な通信を行ったとき。

②電波法令の規定に違反して運用した無線局を認めたとき。

2 報告の手続き（施則第42条）

総務省令では、できる限りすみやかに文書によって報告することが規定されています。

①非常通信を行ったとき。

②電波法に違反して運用した無線局を認めたとき。

不正をはたらいたときは、すべて免許取消しの対象となると覚えておこう

▶▶▶ メモ

非常通信等の報告義務

非常通信等を具体的にいえば、①遭難通信、②緊急通信、③安全通信、④非常通信となる。これらを行ったときは、総務省令により、すみやかに文書によって総務大臣に報告しなければならない。

≡ チェック ≡

☐ 電波の発射の停止
　電波の質が総務省令で定めるものに適合しないとき

☐ 電波の発射の停止を命ぜられたとき
　①直ちにその電波の発射を停止する
　②電波の質を総務省令で定めるものに適合させ、その旨を総務大臣に届け出る

☐ 無線局の免許の取消し
　①欠格事由に該当するようになったとき
　②不正な手段で免許等を受けたとき
　③正当な理由がなく引き続き6か月以上運用を休止したとき

☐ 総務大臣に報告する
　①非常通信等の重要な通信を行ったとき
　②電波法令の規定に違反して運用した無線局を認めたとき

7 業務書類

7-1 業務書類の内容等

出 題 例

【問題11】 無線局の免許がその効力を失ったときは、免許人であった者は、その免許
状をどのようにしなければならないか、次のうちから選びなさい。

(1) 1か月以内に返納する。

(2) 3か月間保管しておく。

(3) 速やかに破棄する。

(4) 6か月以内に返納する。

---

(1) 備え付けを要する業務書類 🔊

アマチュア局は、業務書類として無線局免許状を備え付けておかなければなりません（法第60条、施則第38条）。

■ 書類の備え付け場所

①移動しないアマチュア局………無線設備の設置場所

②移動するアマチュア局…………無線設備の常置場所

(2) 無線局免許状 🔊

無線局免許状の訂正、再交付、返納については、以下のように定められています。

■ 免許状の訂正（法第21条、免則第22条）

免許人は、免許状に記載した事項に変更が生じたときは、その申請書を総務大臣（又は総合通信局長）に提出し、訂正を受けなければなりません。この場合、総務大臣（又は総合通信局長）は新たな無線局免許状の交付による訂正を行うことがあります。

■ 免許状の再交付（免則第23条）

免許人は、免許状を破損し、汚し、失った等のために免許状の再交付を申請しようとするときは、次に掲げる事項を記載した申請書を総務大臣（又は総合通信局長）に提出して、免許状の再交付を受けることができます。

①免許人の氏名又は名称及び住所

②無線局の種別及び局数

③識別信号

④免許の番号

⑤再交付を求める理由

3 免許状の返納

①免許状の再交付を受けたとき

②無線局の免許がその効力を失ったとき

無線局が免許の効力を失った場合は、効力を失った日から1か月以内に総務大臣に返納しなければなりません。
（法第24条）

　　a　無線局を廃止したとき

　　b　無線局の免許の取消しを受けたとき

　　c　無線局の免許の有効期間が満了したとき

移動しないアマチュア局の業務書類の備え付けは、無線設備の設置場所だよ

移動するアマチュア局の業務書類の備え付けは、無線設備の常置場所だよ

解答

⑴

▶▶▶ メモ

無線業務日誌

無線業務日誌はアマチュア無線局では備え付けておかなければならない書類には入らない。しかし、毎日の交信の状態などを記録しておいたほうがよい。

●記載事項

①日付、通信を始めた時刻、通信を終えた時刻

②相手局の呼出符号

③通信に使った互いの電波型式、周波数、空中線電力

④通信状態（受信強度など）、天候

≡ チェック ≡

□ 備え付けを要する書類……無線局免許状

□ 無線局免許状の返納

　　①免許状の再交付を受けたとき

　　②無線局を廃止したとき

　　③免許の取消しを受けたとき

　　④免許の有効期間が満了したとき

8-1 国際電波法規（3級用）

出 題 例

【問題12】次の記述は、無線通信規則に規定する「アマチュア業務」の定義である。（　　）内に入る字句を次のうちから選びなさい。

アマチュア、すなわち、金銭上の利益のためでなく、専ら個人的に無線技術に興味をもち、正当に許可された者が行う自己訓練、通信及び（　　）のための無線通信業務。

(1)　技術研究

(2)　科学調査

(3)　科学技術の向上

(4)　技術の進歩発展

(1) 国際電気通信連合憲章及び国際電気通信連合条約 🔊

国際電気通信連合憲章及び国際電気通信連合条約は、国際的な通信についての約束を取り決めています。

1 用語の定義

> ・**有害な混信**………無線航行業務その他の安全業務の運用を妨害し、又は無線通信規則に従って行う無線通信業務の運用に重大な悪影響を与え、若しくはこれを反覆的に中断し、若しくは妨害する混信をいう。

無線航行業務とは、船舶や航空機が安全に航行するための位置や方角を測定する業務をいいます。また安全業務とは、人命の安全及び財産の保護を確保するために運用する無線通信業務をいいます。

電波は利用できる周波数に限りがあるので、同じ周波数帯をいろいろな業務が互いに妨害しないように、このような規定を設けています。

ここでの連合とは、国際電気通信連合(ITU)のことで、電気通信(有線通信及び無線通信)についての国際的な機関です。

2 電気通信の秘密

> 構成国は、国際通信の秘密を確保するため、使用される電気通信のシステムに適合するすべての可能な措置をとることを約束する。

この電気通信の秘密については、無線通信規則にも「秘密の保護」の規定があります。

3 業務規則

この憲章及び条約は、電気通信の利用を規律し、及びすべての連合員を拘束する次に掲げる業務規則によって、さらに補足されます。

・国際電気通信規則

・無線通信規則

3級アマチュア無線技士の試験に出題されるのは無線通信規則だよ

解答

(1)▶国内の電波法に定められているアマチュア業務の定義との違いは、「正当に許可された者が」の一文が入っていることである。

▶▶▶ **フォローアップ**

主管庁

主管庁というのは、憲章・条約と業務規則で決められている義務を確実に実行する責任を負う、各国の電気通信を管理している政府の機関のことで、日本では総務省がこれにあたる。

1 電波法
2 無線局の免許
3 無線設備
4 無線従事者
5 運用
6 監督
7 業務書類
8 国際電波法規

(2) 無線通信規則 📶

　無線通信規則は、国際電気通信連合憲章及び国際電気通信連合条約を補足する規則です。

1 用語の定義

> ・**アマチュア業務**………アマチュア、すなわち、金銭上の利益のためでなく、もっぱら個人的に無線技術に興味をもち、正当に許可された者が行う自己訓練、通信及び技術研究のための無線通信業務。
> ・**アマチュア衛星業務**………アマチュア業務の目的と同一の目的で地球衛星上の宇宙局を使用する無線通信業務。
> ・**アマチュア局**………アマチュア業務の局。

　「アマチュア業務」の定義について、電波法と違いは、「正当に許可された者が行う」の記述があることです。この規定に関係することが電波法では、「アマチュア局を開設しようとする者は、総務大臣の免許を受けなければならない」と定められています。

> **協定世界時(UTC)** ……議第655(WRC−15) に掲げる、秒(国際単位系)を基礎とする時系をいう。

　UTC＝GMT（グリニッジ標準時）です。日本の中央標準時(JST)との時差はマイナス9時間になります。
　たとえば東京が午前9時のときのUTCの時刻は、その日の午前0時になります。

2 周波数とその分配表

①地域及び地区

> 周波数の分配のため、世界を3の地域に区分する。

▶▶▶ メモ

世界の3つの地域

第一地域……旧ソ連邦全地域を含むヨーロッパ及びアフリカ。

第二地域……北アメリカ及び南アメリカ。

第三地域……アジア・オセアニア。

周波数分配のための地図

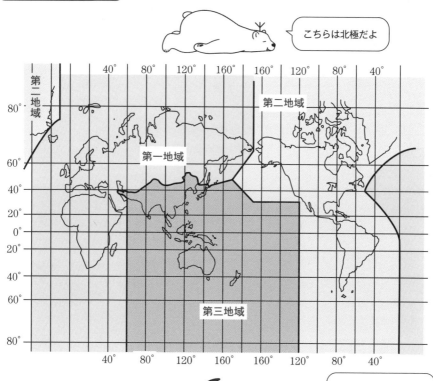

こちらは北極だよ

こっちは南極だよ

試験対策としては、日本は第三地域に属していることだけを覚えておけば十分だよ

1 電波法

2 無線局の免許

3 無線設備

4 無線従事者

5 運用

6 監督

7 業務書類

8 国際電波法規

193

②周波数の分配表

以下は、アマチュア業務に割り当てられている周波数帯の抜粋を示したものです。

（周波数の分配表）

第一地域	第二地域	第三地域
1810 ～ 1850kHz	1800 ～ 1850kHz 1850 ～ 2000kHz ★	1800 ～ 2000kHz ★
3500 ～ 3800kHz ★	3500 ～ 3750kHz 3750 ～ 4000kHz ★	3500 ～ 3900kHz ★
7000 ～ 7200kHz	7000 ～ 7300kHz	7000 ～ 7200kHz
18068 ～ 18168kHz	18068 ～ 18168kHz	18068 ～ 18168kHz
21000 ～ 21450kHz	21000 ～ 21450kHz	21000 ～ 21450kHz
24890 ～ 24990kHz	24890 ～ 24990kHz	24890 ～ 24990kHz
28 ～ 29.7MHz	28 ～ 29.7MHz	28 ～ 29.7MHz
	50 ～ 54MHz ★	50 ～ 54MHz ★
144 ～ 146MHz	144 ～ 146MHz	144 ～ 146MHz
430 ～ 440MHz ★	430 ～ 440MHz ★	430 ～ 440MHz ★
1260 ～ 1300MHz ★	1260 ～ 1300MHz ★	1260 ～ 1300MHz ★
2300 ～ 2450MHz ★	2300 ～ 2450MHz ★	2300 ～ 2450MHz ★

★印は他の業務にも共用として割り当てられることを示す。
無印はアマチュア業務専用。

③ 混信に対する措置

> 1 すべての局は、不要な伝送、過剰な信号の伝送、虚偽の又は紛らわしい信号の伝送、識別表示のない信号の伝送を禁止する（例外を除く）。
> 2 送信局は、業務を満足に行うために必要最小限の電力で輻射する。
> 3 混信を避けるために、
> 　a 送信局の位置及び業務の性質上可能な場合には、受信局の位置は、特に注意して選定しなければならない。
> 　b 不要な方向への輻射又は不要方向からの受信は、業務の性質上可能な場合には、指向性アンテナの利点をできる限り使用して、最小にしなければならない。

これは、国家試験によく出題される規定です。国内法にも同じような規定があったことを思い出し、関連づけて覚えるとよいでしょう。

4 許可書

> 1　送信局は、その属する国の政府又はこれに代わる
> 者が適当な様式でかつ、この規則に従って発給す
> る許可書がなければ、個人又はいかなる団体にお
> いても、設置し、又は運用することができない。
> 2　許可書を有する者は、憲章及び条約の関連規定に
> 従い、電気通信の秘密を守ることを要する。さら
> に、許可書には、局が受信機を有する場合には、
> 受信することを許可された無線通信以外の通信の
> 傍受を禁止すること及びこのような通信を偶然に
> 受信した場合には、これを再生し、第三者に通知
> し、又はいかなる目的にも使用してはならず、そ
> の存在さえも漏らしてはならないことを明示又は
> 参照により記載していなければならない。

　許可書とは、日本国では「免許状」に当たります。ま
た2の規定は、秘密の保護に関する規定の内容が免許状
に記載されていることです。

5 局の識別

　アマチュア局は、運用するときに識別信号を伴うもの
でなければならないことを規定しています。この識別信
号とは、呼出符号のことです。無線通信の原則のところ
で、「無線通信を行うときは、自局の呼出符号を付して、
その出所を明らかにしなければならない」という規定と
同じです。

6 国際符字列の分配及び呼出符号の割当て

> 国際公衆通信を行うすべての局、すべてのアマチュア局及びその属する国の境界外で有害な混信を生じさせるおそれがあるその他の局は、国際呼出符字列分配表に掲げるとおり各国に分配された国際符字列に基づく呼出符号を持たなければならない。

日本には JAA ~ JSZ、7JA ~ 7NZ、8JA ~ 8NZ が分配されています。

呼出符号（コールサイン）の例

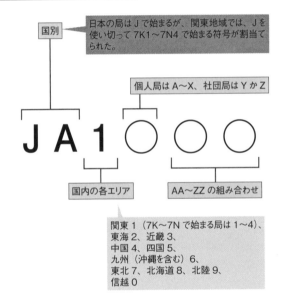

国別

日本の局は J で始まるが、関東地域では、J を使い切って 7K1～7N4 で始まる符号が割当てられた。

個人局は A～X、社団局は Y か Z

J A 1 ○ ○ ○

国内の各エリア　　AA～ZZ の組み合わせ

関東 1（7K～7N で始まる局は 1～4）、
東海 2、近畿 3、
中国 4、四国 5、
九州（沖縄を含む）6、
東北 7、北海道 8、北陸 9、
信越 0

ここは試験には出ないが、コールサインの組立ては覚えておこう

7 アマチュア業務

アマチュア業務の運用等に関して、無線通信規則では、次のように規定されています。

> 1 異なる国のアマチュア局相互間の無線通信は、関係国の一の主管庁がこの無線通信に反対する旨を通知しない限り、認められる。
> 2 (1)異なる国のアマチュア局相互間の伝送は、192ページの「アマチュア業務」に規定されているアマチュア業務の目的及び私的事項に付随する通信に限らなければならない。
> (2)異なる国のアマチュア相互間の伝送は、地上コマンド局とアマチュア衛星業務の宇宙局との間で交わされる制御信号を除き、意味を隠すために暗号化されたものであってはならない。
> (3)アマチュア局は、緊急時及び災害救助時に限って、第三者のために国際通信の伝送を行うことができる。主管庁は、その管轄下にあるアマチュア局への本条項の適用について決定することができる。
> 3 (1)主管庁は、アマチュア局を運用するための免許を得ようとする者にモールス信号によって文を送信及び受信する能力を実施すべきかどうか判断する。
> (2)主管庁は、アマチュア局の操作を希望する者の運用及び技術上の資格を検証するために必要と認める措置を執る。
> 4 アマチュア局の最大電力は、関係主管庁が定める。
> 5 (1)憲章、条約及び無線通信規則のすべての一般規定は、アマチュア局に適用する。
> (2)アマチュア局は、その伝送中短い間隔で自局の呼出符号を伝送しなければならない。

▶▶▶ メモ

呼出符号の現在

関東総合通信局の管轄地域内では、アマチュア局数が多いため、JA1〜JS1で始まる呼出符号の指定の次に、7K1で始まる呼出符号から7N4で始まる呼出符号が割当てられた。

各総合通信局の割当てが一順すると、空いている呼出符号を再指定する。

≡ チェック ≡

□ 試験に出題されるのは、「無線通信規則」。
□ 四肢択一であっても、問われるのは各条文の字句と表現。
□ 出題頻度の高い分野
　①用語の定義　②混信　③秘密　④アマチュア業務

Column　無線局を開局するには？

：4級の無線従事者免許証が届いたけど次はどうするの？

：無線機をそろえるんだよ。

：ん〜？　どうすればいいのかなあ。

：どんな交信をしたいかにもよるけど、初心者のノースくんだったら、ハンディ機がいいんじゃないかな。

：ハンディ機って？

：屋外で持ち歩いて使える無線機のことだよ。FM ハンディ機で、5 km 〜数10 km 見通し圏内で交信ができるよ。まずは、144 MHz や 430 MHz の FM モードで話すところからはじめるといいよ。

：どこで買えるの？

：近くに無線ショップがあるなら、直接行って、お店の人と相談しながら選ぶといいよ。無線ショップがない場合は、ネットショップでも買えるよ。その時は、「技適マーク（技術基準適合証明）」が付いているか必ず確認してね。付いていないと無線局の免許が受けられない可能性があるんだよ。

：ふむ、ふむ。

：無線機の用意ができたら、総務省総合通信局に「無線局免許申請」をするよ。「無線局免許状」が交付されると、自分のコールサインが割りあてられるんだ！

：これで、開局できるんだね！

：そうだよ。ハンディ機で受信の仕方や話し方に慣れてきたら、アンテナを交換して、交信範囲を広げるて無線技術を磨いていくんだよ！

：そうそう、QSL（交信カード）の交換をしたい人は日本アマチュア無線連盟（JARL）に入会するのも忘れないでね。

これで、無線工学と電波法規の説明は終わったよ。テキストはくり返し読んで覚えよう。特に「チェック」のところは重要だよ！

次からは、試験対策だよ。直前対策は、マル暗記事項をまとめているので、そのまま暗記しよう。模擬試験問題は、実際に試験に出るから、できるまで解こう！

Part 3 試験直前対策

マル暗記事項　無線工学
マル暗記事項　電波法規
ポイントになる用語

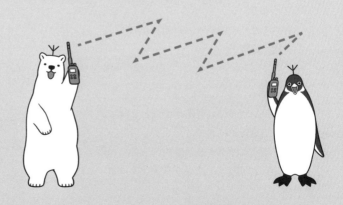

試験直前対策　㋮㋫暗記事項　無線工学

①電気力線は➡電界の作用するようすを表したもの。⊕から⊖へ向かう。

②磁力線は➡磁界の作用するようすを表したもの。N極から出てS極へ向かう。

③半導体は➡温度上昇により抵抗が減少するので、電流が増加する。

④フレミングの左手の法則➡中指は電流・人差し指は磁力線・親指は力の方向。

⑤リアクタンスの単位は➡オーム〔Ω〕。

⑥オームの法則➡抵抗(R)と電流(I)は反比例の関係。

$$I = \frac{E}{R}\ (E=\text{電圧})$$

⑦2つの抵抗 R_1 と R_2 の合成抵抗➡直列→ R_1+R_2

並列→ $\dfrac{R_1 \times R_2}{R_1 + R_2}$

⑧電力の求め方➡ $P=EI$、$I=\dfrac{E}{R}$ より $P=\dfrac{E^2}{R}$

（$P=$ 電力、$E=$ 電圧、$I=$ 電流、$R=$ 抵抗）

⑨正弦波交流の周期と振幅➡山1つプラス谷1つで1周期。0から山の頂上までが振幅。

⑩交流電圧の実効値➡ $\dfrac{\text{交流電圧の最大値}}{\sqrt{2}}$ （$\sqrt{2} \fallingdotseq 1.41$）

⑪コイルのリアクタンス(X_L)➡ $X_L=2\pi fL$

（$\pi \fallingdotseq 3.14$、$f=$ 周波数、$L=$ コイルの自己インダクタンス）

⑫コイルの中に磁性体を入れると➡自己インダクタンスが大きくなる。

⑬右手にぎりの法則➡右手親指がN極の方向、親指以外の4本指が電流方向。

⑭2つのコンデンサ C_1 と C_2 の合成静電容量➡並列→ C_1+C_2

直列→ $\dfrac{C_1 \times C_2}{C_1 + C_2}$

⑮コンデンサの静電容量が大のとき➡リアクタンスは小。
→交流電流は流れやすい。

⑯コイルのリアクタンスは➡周波数に比例する。

⑰コンデンサのリアクタンスは➡周波数に反比例する。

フレミングの左手の法則
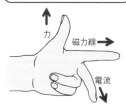

周期と振幅
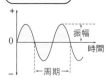

右手にぎりの法則
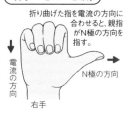
折り曲げた指を電流の方向に合わせると、親指がN極の方向を指す。

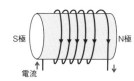

⑱共振周波数 f ➡ $\dfrac{1}{2\pi\sqrt{LC}}$ 〔Hz〕（$L=$ コイルのインダクタンス、$C=$ コンデンサの静電容量）

⑲トランジスタと電界効果トランジスタ(FET)の対応➡
ゲート(G)⟷ベース(B)　ドレイン(D)⟷コレクタ(C)
ソース(S)⟷エミッタ(E)

⑳トランジスタに加える電圧は➡ベースには順方向電圧、コレクタは逆方向電圧。

㉑増幅回路は➡小さい振幅の信号をより大きな振幅に変える。

㉒A級・B級・C級増幅の仕方➡動作点が特性曲線の…途中にある→A級増幅、端にある→B級増幅、手前にある→C級増幅

㉓増幅効率は➡A級増幅<B級増幅<C級増幅

㉔エミッタ接地の電流増幅率➡$\dfrac{コレクタ電流の変化分}{ベース電流の変化分}$

㉕周波数混合器に周波数 f と周波数 f_0 を入力すると➡出力側の周波数 $=f+f_0$ あるいは $f-f_0$

㉖周波数変動には➡水晶発振器の内部雑音の変動は無関係。

㉗変調度 M ➡$\dfrac{信号波の振幅}{搬送波の振幅}\times 100$ 〔%〕

㉘波形からの振幅変調の変調度の求め方➡

$$変調度\ M = \frac{X-Y}{X+Y}\times 100 \ 〔\%〕$$

㉙占有周波数帯幅の求め方➡ DSB→$2f_s$　　FM→$2(f_d+f_s)$
（$f_s=$ 最高変調周波数、f_d→最大周波数偏移）

㉚占有周波数帯幅の広さ➡ SSB<DSB<FM

㉛直線検波は➡入力と出力が直線的な検波回路。

㉜FM の復調器は➡S字特性の周波数弁別器。

㉝送信機の条件➡①周波数の安定、②占有周波数帯幅は最小限、③スプリアス発射が少ない。

㉞緩衝増幅器は➡発振器の発振周波数の変動を防ぐ。

㉟PTT スイッチとは➡ハンドマイクについている送受信切り換え用スイッチ。

㊱PTT スイッチを押すと➡アンテナと送信機が接続、離すとアンテナと受信機が接続。

㊲擬似負荷とは➡電波を外へ発射せずにテストできる抵抗器。

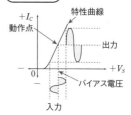

A級増幅

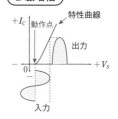

B級増幅

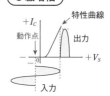

C級増幅

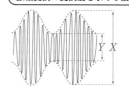

振幅変調の変調度を求める波形

㊳電波の型式と周波数成分➡ J3E ⇒右図A H3E ⇒ B A3E ⇒ C

㊴ DSB は➡振幅変調 音声入力によって、搬送波の振幅が変化する。

㊵周波数逓倍器は➡発振周波数を整数倍して目的の周波数にする回路。送信周波数(f_c) ＝ 発振周波数(f_0)×逓倍数

㊶超短波の送信機には➡ C 級動作の周波数逓倍器を使用。

㊷ DSB 送信機では➡変調器の周波数特性が高域で低下すると、占有周波数帯幅が狭くなる。

㊸ DSB と SSB ➡回路構成が複雑なのは SSB。

㊹ SSB ➡搬送波を抑えるのは平衡変調器。平衡変調器に信号波と搬送波を加えると、上下にそれぞれ側波帯が現れる。

㊺ SSB の帯域フィルタ➡上下のどちらか一方の側波帯のみを取り出す。

㊻ SSB の ALC（オートマチック・レベル・コントロール）➡電力増幅器の入力レベルを制限し、送信出力のひずみを抑えている。

㊼ SSB で➡音声の送受信を自動切り換えするのは VOX 回路。

㊽ FM は雑音に強い➡自動車（モービル）無線に最適。

㊾間接 FM 送信機➡変調器は位相変調器。平衡変調器は使わない。

㊿ FM の周波数偏移➡増大すると占有周波数帯幅は拡大。

(51) FM 送信機では➡周波数逓倍器で所要の周波数偏移を得る。

(52) FM の IDC 回路➡周波数偏移を制限する。

(53) スーパヘテロダイン受信機➡受信周波数を中間周波数に変えて増幅。

(54) スーパヘテロダイン受信機で➡中間周波増幅器の出力信号から音声信号を取り出すのは検波器。

(55) スーパヘテロダイン受信機の中間周波増幅器➡選択度と利得を向上させる。入力電波と局部発振器の差の周波数を増幅する。

(56) イメージ混信➡スーパヘテロダイン受信機に特有の現象。

(57) 中間周波増幅器に使う適切な特性の帯域フィルタ➡スーパヘテロダイン受信機の近接周波数による混信を軽減。

(58) スーパヘテロダイン受信機の局部発振器の条件は➡スプリアス成分が少ないこと。

(59) 外部雑音かどうかの判断は➡アンテナ端子とアース端子を

電波の型式と周波数成分

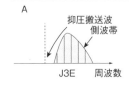

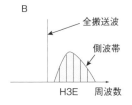

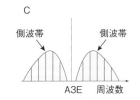

導線でつないでみる。外部雑音ならなくなるはず。

⑥スーパヘテロダイン受信機の高周波増幅部のはたらき➡①信号対雑音比が改善される、②イメージ混信が減る、③局部発振器出力がアンテナから放射されない。

⑥フェージング対策は➡AGC（自動利得制御）回路を用いて受信機の出力を一定に保つ。

⑥S メータが指示するもの➡検波電流の大小。

⑥受信機の周波数目盛を校正するのは➡マーカ発振器。

⑥SSB の検波（復調）➡検波器に復調用局部発振器が必要。

⑥SSB の復調は➡復調用局部発振器と復調器（プロダクト検波器）で行う。

⑥SSB の受信信号明瞭度を上げるには➡クラリファイヤ（明瞭度調整器）を使い、局部発振器の発振周波数を変化させる。

⑥DSB 受信機の構成は➡中間周波増幅器→検波器→低周波増幅器の順。

⑥DSB 受信機の検波は➡直線検波。

⑥FM 受信機の構成は➡中間周波増幅器→振幅制限器→周波数弁別器→低周波増幅器の順。スケルチ回路は列の外から接続する。

⑦FM 受信機の振幅制限器のはたらき➡振幅を一定にして、振幅変調成分を除去。振幅制限作用が不十分だと出力の信号対雑音比が低下。

⑦FM 受信機の周波数弁別器のはたらき➡周波数の変化から音声信号を取り出す。

⑦スケルチ回路のはたらき➡受信電波が止まったときの、耳障りな雑音を防ぐ。

⑦高調波の発射➡他の無線局の受信を妨害する。

⑦妨害電波 I（インタフェアレンス）➡テレビに与える障害は TVI、ラジオは BCI。

⑦TVI の防止対策➡①テレビに高域フィルタを設ける。②無線局のアンテナと TV アンテナを離す。

⑦電源変圧器➡$E_1 : E_2 = N_1 : N_2$（$E=$ 電圧、$N=$ コイルの巻数）

⑦接合ダイオードの特性➡順方向電圧を加えたときは内部抵抗が小さい→整流作用

⑦半波整流回路はダイオード1個使用➡電流はダイオード記号の矢印方向へ流れる。抵抗のダイオードに近い点が⊕。

⑦全波整流回路はダイオード2個使用➡ダイオードから抵抗に流れ込む点が⊕。

⑧全波整流回路では➡出力に現れる脈流の周波数は入力の2倍。

⑧電源の定電圧回路には➡ツェナーダイオード(別名:定電圧ダイオード)を使う。

⑧乾電池➡単1、単2は容量の違い。1個の電圧はすべて1.5V。充電は不可。

⑧電池の合成電圧➡直列接続→電圧は全電池の合計。容量はそのまま。並列接続→電圧はそのまま。容量は合計。

⑧ニッケルカドミウム電池➡充電可能な蓄電池で、電圧は1個1.2V。

⑧容量30Ahの蓄電池➡連続使用時間は3Aで10時間。

⑧波長〔λ〕➡ $\dfrac{3 \times 10^8 \,(m/s)}{f\,(周波数〔Hz〕)} = \dfrac{300}{f\,(周波数〔MHz〕)}$ 〔m〕

⑧電波の速度➡光と同じ秒速30万km。光と電波は電磁波の一種。

⑧放射抵抗とは➡放射される電波の電力をアンテナが消費すると考えた抵抗のこと。

⑧垂直接地アンテナの固有波長λは➡アンテナの長さの4倍。グランドプレーンアンテナも同じ。

⑨垂直アンテナの水平面指向特性➡360°の全方向性。自動車など移動局に適する。

⑨半波長ダイポールアンテナの給電点インピーダンス➡約73Ω。

⑨半波長ダイポールアンテナと八木アンテナの長さは➡固有波長の1/2。

⑨水平半波長ダイポールアンテナの指向特性は➡水平面で8字形(8字形の指向特性)。

⑨ブラウンアンテナ(グランドプレーンアンテナ)の放射エレメントの長さは➡波長の1/4。

⑨八木アンテナの素子(エレメント)の長さ➡導波器<放射器<反射器

⑨八木アンテナの水平面指向特性➡一方向のみ。最も短い導波器の方向に電波を強く放射する。

⑨八木アンテナをスタック(積み重ね)にする➡指向性をさらに鋭く、利得を上げる。

8字形の指向特性

指向特性

アンテナの位置

八木アンテナの構成

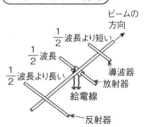

ビームの方向

$\frac{1}{2}$波長より短い

$\frac{1}{2}$波長

$\frac{1}{2}$波長より長い

導波器

放射器

給電線

反射器

八木アンテナの指向特性

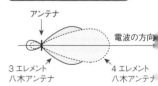

アンテナ

電波の方向

3エレメント八木アンテナ

4エレメント八木アンテナ

(98)八木アンテナの放射器の長さ➡固有波長の1/2（半波長ダイポールアンテナと同じ）。

(99)給電線は➡それ自体で電波を放射したり受信したりしてはいけない。

(100)電界と磁界の関係➡水平偏波→電界が地面と平行。垂直偏波→電界が地面と垂直。

(101)電離層とは➡太陽活動の影響でできた層。低い方からD層、E層、F層に分かれる。高い層ほど電子密度が高い。

(102)短波（3～30 MHz）は➡電離層と地表の間を反射しながら伝わる。遠距離交信が可能。

(103)電離層の突き抜け➡電波の減衰は周波数が高いほど小さい。

(104)電離層の反射➡電波の減衰は周波数が高いほど大きい。

(105)電離層のF層を突き抜けるのは➡30 MHz以上の超短波。

(106)スポラジックE層➡夏の昼間に多発し、VHFを反射することもある。

(107)不感地帯とは➡地表波が減衰して受信されなくなった地点から電離層反射波が最初に地表に戻ってくるまでの地点。

(108)超短波➡直接波と大地反射波によって見通し距離内を伝搬。通信距離をのばすにはアンテナを高くする。

(109)電圧の測定➡電圧計は測定する電圧よりも最大目盛の大きいものが必要。電池の⊕には⊕端子、電池の⊖には⊖端子を接続する。

(110)分流器➡ $R=\dfrac{r}{n-1}$

（R= 分流器の抵抗、r= 電流計の内部抵抗、n= 倍率）

(111)倍率器➡ $R=r(n-1)$

（R= 倍率器の抵抗、r= 電圧計の内部抵抗、n= 倍率）

(112)テスタによる抵抗測定の準備➡測定レンジを選ぶ→テスト棒をショートさせる（テスト棒の先端を接触）→0 Ω 調整。

(113)ディップメータ➡同調回路の共振周波数を測定する計器。発振コイルを疎に結合→発振が吸収されて電流計の指示が最小になったときが共振。

(114) SWRメータは➡定在波比測定器。給電線の整合を調べる。

(115)通過形電力計➡アンテナ供給電力を測定する計器。アンテナ供給電力 = 進行波電力 − 反射波電力。

電離層と電波の伝わり方

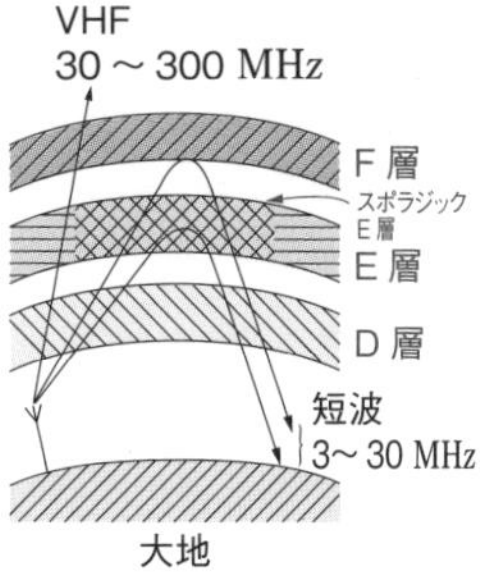

直接波と大地反射波

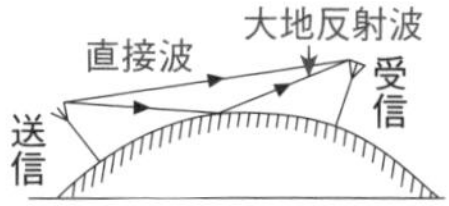

試験直前対策　㋻㋺暗記事項　**電波法規**

①無線局の定義➡無線設備及び無線設備の操作を行う者の総体。ただし受信のみを目的とするものを含まない。

②アマチュア業務の3要素➡①無線技術、②自己訓練、③通信。

③無線局免許状の記載事項➡①免許の年月日及び免許の番号、②免許人の氏名又は名称及び住所、③無線局の種別、④無線局の目的、⑤通信の相手方及び通信事項、⑥無線設備の設置（常置）場所、⑦移動範囲、⑧免許の有効期間、⑨識別信号（呼出符号）、⑩電波の型式及び周波数、⑪空中線電力、⑫運用許容時間。

④アマチュア局の免許は➡免許状。

⑤無線従事者の免許は➡免許証。

⑥免許の有効期間➡アマチュア局は5年、無線従事者は終身。

⑦アマチュア局の再免許申請➡期限切れ前の1か月以上1年を超えない期間。

⑧無線局の再免許の4つの指定事項➡①空中線電力、②電波の型式及び周波数、③運用許容時間、④呼出符号又は呼出名称。

⑨あらかじめ許可を受けるのは➡通信の相手方、通信事項、無線設備の設置場所の変更、あるいは無線設備の変更の工事をしようとするとき。

⑩呼出符号、電波の型式、周波数、空中線電力等の変更を受けようとするときは➡その旨を申請する。

⑪無線局を廃止するときは➡その旨を届け出る。

⑫無線局の免許が失効したときは➡遅滞なく空中線を撤去する→1か月以内に免許状を返納する。

⑬無線設備とは➡電波を送受信する電気的設備をいう。

⑭無線電話とは➡音声その他の音響を送り、受ける通信設備をいう。

⑮送信設備とは➡送信装置と送信空中線系とから成る電波を送る設備をいう。

⑯送信装置とは➡無線通信の送信のための高周波エネルギー発生装置、及びその付加装置をいう。

⑰送信空中線系とは➡無線通信の送信のための高周波エネル

ギーを空間へ放射する装置をいう。

⑱電波の型式➡ A3E →振幅変調・両側波帯、アナログ単一チャネル、電話。

J3E →振幅変調・抑圧搬送波・単側波帯、アナログ単一チャネル、電話。

F3E →周波数変調、アナログ単一チャネル、電話。

⑲電波の質は➡①周波数の偏差　②周波数の幅　③高調波の強度等で決まる。

⑳周波数の安定のための条件➡①発振回路は温度・湿度変化の影響を受けないもの　②送信装置は電源電圧・負荷の変化が影響しないもの　③移動する局の送信装置は振動・衝撃の影響を許容偏差に維持する。

㉑送信空中線の型式・構成の条件➡①満足な指向特性　②整合十分　③利得及び能率が大。

㉒通信に秘匿性を与える機能➡アマチュア局の送信装置には禁止。

㉓無線従事者とは➡無線設備の操作を行う者であって、総務大臣の免許を受けている者。

㉔無線従事者が業務に従事するとき➡免許証を携帯しなければならない。

㉕免許が与えられないことがある者➡無線従事者免許取消しの日から2年を経過しない者。

㉖汚損したり、破損したりした免許証の再交付には➡申請書に免許証と写真1枚を添える。

㉗免許証の訂正が必要なのは➡氏名変更のときだけ。

㉘遅滞なく免許証を返納するとき➡無線従事者が死亡し又は失そうの宣告を受けたとき。

㉙10日以内に免許証を返納するとき➡①免許の取消し処分を受けたとき、②失った免許証を見つけたとき。

㉚第3級アマチュア無線技士の操作範囲➡空中線電力50 W以下で周波数18 MHz以上、又は8 MHz以下。

㉛第4級アマチュア無線技士の操作範囲➡①空中線電力10 W以下で周波数21 MHz～30 MHz、又は8 MHz以下、②空中線電力20 W以下で周波数30 MHzを超えるもの。

㉜無線設備の設置場所は➡免許状に記載されたところによらなければならない。

㉝免許状に記載された目的を超えて運用できるのは➡非常通信、遭難通信など。

㉞無線通信の秘密は➡法律に別段の定めがある場合を除くほか、特定の相手方に対する無線通信の傍受、存在・内容を漏らす、窃用の禁止。

㉟無線局運用の際の空中線電力は➡必要最小のもの。

㊱無線通信を行う際の原則➡①必要のない通信は行わない、②用語を簡潔にする、③自局の呼出符号を付して出所を明らかにする、④無線通信は正確に行い、誤りは直ちに訂正する。

㊲アマチュア局の発射の制限➡発射電波の占有する占有周波数帯幅は、その局に許された周波数帯から逸脱してはならない。

㊳アマチュア局の運用の禁止事項➡①免許人以外による無線設備の操作、②他人の依頼による通報、③暗語の使用。

㊴混信とは➡他の無線局の正常な業務の運行を妨害する電波の発射、輻射又は誘導をいう。

㊵相手局を呼び出すときは➡受信機を最良の感度にして他局へ混信を与えないことを確かめる。

㊶アマチュア局を一括して呼び出す方法➡①各局（CQ）：3回、②こちらは：1回、③自局の呼出符号：3回以下、④どうぞ：1回。

㊷アマチュア局が呼び出しを反復しても応答のないとき➡呼出しの再開は、少なくとも3分間の間隔をおく。

㊸無線電話による応答の方法➡①相手局の呼出符号：3回以下、②こちらは：1回、③自局の呼出符号：1回。

㊹無線電話の自局に対する呼出しで、呼出局の呼出符号が不確実な呼出しには➡「だれかこちらを呼びましたか」と応答する。

㊺呼出しが自局に対するものかどうか確実でないときは➡その呼出しが反復され、かつ、自局に対する呼出しであることが確実に判明するまでは応答しない。

㊻無線電話で直ちに通報を受信しようとするときは➡応答事項の次に「どうぞ」を送信する。

㊼無線電話で相手局に通報の反復を求めようとするとき➡「反復」の次に反復する箇所を示す。

㊽無線電話で反復送信は➡通報の各通ごと又は1連続ごとに「反復」を前置する。

㊾無線電話で通報を確実に受信したときは➡「了解」又は「OK」を送信する。

㊿無線電話で通信が終了したら➡「さようなら」を送信する。

51 無線電話で通報の送信を終わるとき➡「終わり」を送信する。

52 アマチュア局の長時間の送信には➡10分ごとを標準として「こちらは」と「自局の呼出符号」を送信する。

53 無線電話で応答に際し、直ちに通報を受信できないときは➡①「お待ちください」及び分で表す概略の待つべき時間、②待つべき時間が10分以上のときは、さらにその理由を送信する。

54 誤った送信には➡「訂正」を前置して、正しく送信した適当な語字からさらに送信する。

55 混信を与える旨の通知を受けたときは➡直ちにその呼出しを中止する。

56 アマチュア局はTVやラジオの受信等に支障を与える場合は➡速やかに電波の発射を中止する。

57 周波数変更要求には➡「了解」又は「OK」を送信して、直ちに周波数を変更しなくてはならない。

58 無線機器の試験・調整には➡なるべく擬似空中線回路を使用する。

59 無線機器の試験又は調整中は➡他局からの停止要求がないかどうかを注意する。

60 試験電波の発射時は➡「本日は晴天なり」の連続及び自局の呼出符号を送信する。ただしその連続送信は10秒以内。

61 非常の場合の無線通信に前置の「非常」は➡3回。

62 非常通信の扱い開始後、有線通信が復旧したら➡速やかにその取扱いを停止する。

63 「非常」を受信したら➡混信を与えるおそれのある電波の発射を停止して傍受しなければならない。

64 臨時に電波の発射の停止を命ぜられることがあるのは➡電波の質が総務省令に定めるものに適合していないとき。

65 臨時検査が行われるのは➡臨時に電波の発射の停止を命ぜられたとき。

(66)無線従事者が電波法やそれに基づく命令、処分に違反したとき➡無線従事者の免許の取消し、又は３か月以内の業務の従事停止処分を受ける。

(67)免許人が不正な手段を行ったときは➡無線局の免許の取消し。

(68)電波法やそれに基づく命令・処分に違反した無線局は➡３か月以内の運用の停止。

(69)電波法に違反する局を認めたら➡総務省令で定める手続きである速やかに文書で総務大臣に報告しなければならない。

(70)免許状に記載された事項に変更を生じたら➡訂正を受けなければならない。

(71)アマチュア局に備え付けるべきもの➡無線局免許状

(72)１か月以上に免許状を返納するとき➡①無線局を廃止したとき、②免許を取消されたとき、③免許の有効期間が満了したとき。

(73)免許状を失った場合➡理由を記載した申請書を提出して再交付を受ける。

(74)汚損・破損した旧免許状は➡遅滞なく返納しなければならない。

試験直前対策　ポイントになる用語

□アマチュア無線
- 電波法施行規則ではアマチュア業務は「金銭上の利益のためでなく、もっぱら個人的な無線技術の興味によって行う自己訓練、通信及び技術的研究の業務」と定義されている。

□位相変調
- 搬送波を変調するとき、振幅を一定にして、音声などの信号波の強弱に応じて搬送波の位相を変化させる方式のこと。

□イメージ混信
- スーパヘテロダイン受信機の特徴的な混信のこと。受信周波数に対し、中間周波数の2倍離れた周波数を「イメージ周波数」あるいは「影像周波数」という。

□インダクタンス
- コイルの性能を表す係数で、単位はヘンリー〔H〕。コイルに流れる電流を変化させると逆起電力が生じるが、この度合いをインダクタンスという。

□インピーダンス
- 交流回路において、コイル・コンデンサ・抵抗が示す総合的な電流を妨げる値のこと。単位はオーム〔Ω〕。交流の周波数が変化すると、インピーダンスも変化する。

□可変コンデンサ
- 容量を変化させることができるコンデンサのこと。一般にバリコン(バリアブルコンデンサ)と呼ばれる。

□可変抵抗器
- 抵抗値を変化させることができる抵抗器のこと。ボリュームとも呼ばれる。

□可変容量ダイオード
- 逆方向電圧を加えることにより、静電容量が変化する性質のダイオードのこと。バリキャップとも呼ばれる。

□緩衝増幅器
- 送信機などで、負荷の変動による影響が発振器に伝わらないように発振器の後段に設ける増幅器。バッファアンプとも呼ばれる。

□キークリック
- CW通信(電信)を受信しているとき、符号の立ち上がりや立ち下がりにコツコツと聞こえることがある。この現象をキークリックという。

□寄生振動
- 送信機の電力増幅器などで、発振周波数以外の広い周波数で発振を起こすこと。パラスチックと呼ばれ、電波障害の原因になる。

□キャパシタンス
- コンデンサがどのくらい電気を蓄えられるかの能力のことで、静電容量のこと。単位はファラド〔F〕。

□給電線
- トランシーバとアンテナをつなぐケーブルのこと。フィーダとも呼ばれる。

□給電点	・高周波電流をアンテナに給電するときの、給電線とアンテナの接続点のこと。
□給電点インピーダンス	・アンテナを給電点から見たインピーダンスのこと。
□空中線電力	・アンテナから放射される電力のことで、単位はワット〔W〕。
□クラリファイヤ	・SSB 受信機で、受信周波数をわずかに変えて、受信音声を明瞭にする回路のこと。
□検波	・送信機で変調されて送られてきた電波から、受信機で音声などを取り出すこと。
□高調波	・送信周波数に対し、その2倍、3倍など整数倍にあたる周波数のこと。電波を発射するとき、目的とする送信周波数(基本波)以外のスプリアス発射の一種。
□混信	・通信中の周波数に、ほかの交信が入りこんで妨害すること。
□指向性	・アンテナの方向による送信・受信特性のこと。指向特性ともいう。
□周波数	・交流の1秒間当たりの1周期のくり返しの数(振動数)。単位はヘルツ〔Hz〕。
□周波数安定度	・周囲の温度変化や時間経過などにより生じる周波数の変動を、どの程度抑えられるかの度合い。
□周波数混合器	・異なる2つの周波数を混合し、その和又は差の周波数を作り出す回路のこと。
□周波数逓倍器	・周波数を整数倍するための増幅器。
□周波数特性	・受信機などの増幅器などで周波数を変化したときの特性のこと。
□周波数偏移	・FM 電波は、音声などの信号波の振幅に応じて搬送波の周波数が変化するが、この周波数の変化を周波数偏移という。
□周波数変調(FM)	・搬送波の周波数を信号波の振幅に応じて変化させる変調方式のこと。一般に FM という。
□周波数弁別器	・FM 検波用の復調器で、ディスクリミネータとも呼ばれる。
□振幅制限器	・FM 受信機のリミッタ回路のことで、FM 波の中に混ざる振幅変調(AM)成分やノイズなどを取り除くはたらきをする。
□振幅変調(AM)	・搬送波の振幅を信号波の振幅に応じて変化させる変調方式。一般に AM という。
□水晶発振器	・水晶発振子を発振回路に用いた発振器。発振周波数の変化が少なく、安定度が良い。
□水晶発振子	・水晶の薄い板に電極を取り付けた部品。圧電現象によって特定の周波数で共振するので、発振回路やフィルタに用いられる。

□スプリアス	・発射電波に含まれる不要な周波数成分のこと。高調波・低調波・寄生振動などで、電波障害の原因となる。
□静電容量	・キャパシタンスのこと。単位はファラド〔F〕。
□整流回路	・交流を片方の極性で変化する脈流に変えるはたらきをする回路のこと。
□接地アンテナ	・1本のエレメントを地面に垂直に立て、その下端とアース間に給電するアンテナ。
□全方向性アンテナ	・垂直接地アンテナなどの水平面内指向特性が円形で、どの方向にも電波を均一に放射するアンテナのこと。
□占有周波数帯幅	・搬送波を変調すると周波数に幅が生じる。これを占有周波数帯幅という。
□帯域フィルタ	・ある特定の範囲の周波数成分を持つ信号だけを通過させる回路のこと。バンドパスフィルタ(BPF)とも呼ぶ。
□ダイポールアンテナ	・1本の導線を中央で分割し、給電する方式のアンテナ。ダブレットアンテナともいう。
□中間周波数	・スーパヘテロダイン方式の受信機において、周波数変換を行った結果得られる周波数のこと。
□直列共振回路	・コイルとコンデンサを直列に接続した共振回路のこと。
□定在波比(SWR)	・アンテナと給電線の整合がとれていないとき、入射波の一部が反射波となる。この反射波と入射波の合成波を定在波といい、定在波の最大値と最小値の比率を定在波比という。
□電波型式	・電波の搬送波の変調の型式、変調する信号の性質、伝送情報の型式などを表したもの。A1A・A2A・J3E・F2A・F3E など。
□電離層	・地上から約60〜400 km の高さにある電子とイオンからなる層のこと。電離層は地表からの高さによって、D 層・E 層・F 層に分かれる。
□倍率器	・電圧計の測定範囲を拡大するために用いる抵抗器のこと。電圧計に直列に接続する。
□発振回路	・電気振動を発生させる回路。搬送波のもとになる高周波を作る回路で、LC 発振器・水晶発振器などがある。
□搬送波	・音声などの信号波に乗せて変調して伝送する高周波信号のこと。
□ビームアンテナ	・八木アンテナなどの、単一方向に鋭い指向性を持つアンテナのこと。
□フェージング	・送信電波が、伝搬経路の違いや電離層の変化の影響で、受信点ではその強さが時間とともに不規則に変化する現象のこと。
□プロダクト検波器	・SSB 電波から音声を復調する回路のこと。

□分流器	・電流計の測定範囲を拡大するために用いる抵抗器のこと。
□平衡変調器	・SSB 波を発生する回路に用いられる搬送波を抑圧した振幅変調波を発生する変調器のこと。
□並列共振回路	・コイル・コンデンサ・抵抗を並列に接続した回路のこと。
□マッチング	・整合の意味。
□八木アンテナ	・放射器・反射器・導波器の3つのエレメントからなる指向性アンテナ。アマチュア無線で多く用いられている。
□抑圧搬送波	・SSB 方式では、AM 方式のうちの片側の側波帯のみを利用する。このうち、搬送波を抑圧する電波のことをいう。
□リアクタンス	・コイル又はコンデンサに交流を流したときに生じる電流を妨げる作用。
□利得	・回路の入力側に電圧や電流、あるいは電力を加えたとき、出力側でどのくらい増幅されたか、あるいは減衰されたかの能力をいう。
□ A1A	・CW 通信(モールス通信)の電波型式。電信のこと。
□ A3E	・振幅変調・両側波帯、アナログ単一チャネル、電話の電波型式。AM、DSB のこと。
□ J3E	・振幅変調・抑圧(よくあつ)搬送波・単側波帯、アナログ単一チャネル、電話の電波型式。
□ AM	・Amplitude Modulation の略で、振幅変調のこと。
□ CW	・Continuous Wave の略。モールス通信(電信)のこと。
□ DSB	・Double Sideband の略。振幅変調した際、搬送波の両側にできる上・下側波帯を使って行う通信方式。
□ FM	・Frequency Modulation の略。周波数変調のこと。
□ LC 発振回路	・増幅回路の出力をフィードバック回路を通して入力側に正帰還させて発振するとき、その発振周波数が L (コイル)とC (コンデンサ)の組み合わせで決まる回路のこと。
□ S/N 比	・信号対雑音比。受信信号 S (Signal)の中に、どれくらい雑音 N (Noise)が含まれているかを比で表したもの。
□ SSB	・Single Sideband の略。搬送波を音声などの信号波で振幅変調したときにできる上側波帯、あるいは下側波帯のいずれかを使って行う通信方式。

Part 4 模擬試験問題

無線工学
電波法規

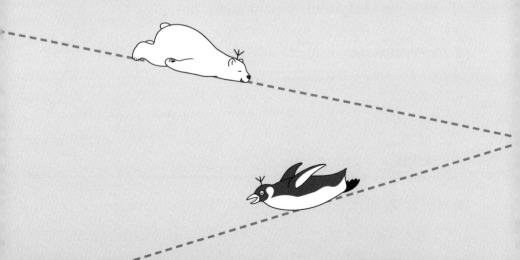

無線工学

●基礎知識

〔1〕 図に示すように、磁極の間に置いた導体に紙面の表から裏へ向かって電流が流れたとき、磁極 N、S による磁力線の方向と導体の受ける力の方向との組合せで、正しいのは次のうちどれか。

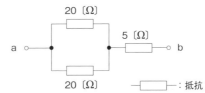

〔2〕 図に示す回路において、端子 ab 間の合成抵抗の値で正しいものは次のうちどれか。

① 10 〔Ω〕
② 15 〔Ω〕
③ 25 〔Ω〕
④ 45 〔Ω〕

〔3〕 図に示す正弦波交流において、周期と振幅の組合せで、正しいのはどれか。

	周期	振幅
①	A	C
②	B	C
③	A	D
④	B	D

〔4〕 図に示す回路において、コンデンサのリアクタンスで、最も近いものは次のうちどれか。

① 350 〔Ω〕
② 180 〔Ω〕
③ 35 〔Ω〕
④ 18 〔Ω〕

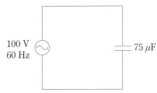

【解答】　〔1〕② 　〔2〕② 　〔3〕② 　〔4〕③

〔5〕 搬送波を発生する回路は、次のうちどれか。

① 発振回路

② 増幅回路

③ 変調回路

④ 検波回路

〔6〕 図は、ある復調回路の入力対出力特性である。これは次のどの電波を復調するのに用いられるか。

① J3E 電波

② A3E 電波

③ A1A 電波

④ F3E 電波

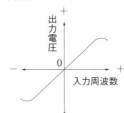

〔7〕 図は、トランジスタ増幅器の V_{BE}–I_C 特性曲線の一例である。特性の P 点を動作点とする増幅方式の名称として、正しいのは次のうちどれか。

① A 級増幅

② B 級増幅

③ C 級増幅

④ AB 級増幅

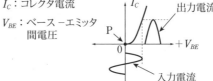

I_C：コレクタ電流

V_{BE}：ベース－エミッタ間電圧

〔8〕 最大周波数偏移が 5〔kHz〕の場合、最高周波数が 3〔kHz〕の信号波で変調すると FM 波の占有周波数帯幅はいくらになるか。

① 8〔kHz〕

② 11〔kHz〕

③ 16〔kHz〕

④ 30〔kHz〕

●送信機

〔9〕 送信機の緩衝増幅器は、どのような目的で設けられているか。

① 所要の送信機出力まで増幅するため。

② 発振周波数の整数倍の周波数を取り出すため。

③ 終段増幅器の入力として十分な励振電圧を得るため。

④ 後段の影響により発振器の発振周波数が変動するのを防ぐため。

〔10〕 図は、SSB（J3E）送信機の構成の一部を示したものである。空欄の部分に入れるべき名称は、次のうちどれか。

① 周波数逓倍器

② 帯域フィルタ（BPF）

③ 水晶発振器

④ 緩衝増幅器

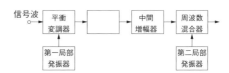

〔11〕 SSB（J3E）送信機において、下側波帯又は上側波帯のいずれか一方のみを取り出す目的で設けるものは、次のうちどれか。

① 平衡変調器

② 帯域フィルタ（BPF）

③ 周波数逓倍器

④ 周波数混合器

〔12〕 間接 FM 方式の FM（F3E）送信機に通常使用されていないのは、次のうちどれか。

① 水晶発振器

② IDC 回路

③ 周波数逓倍器

④ 平衡変調器

【解答】　〔9〕④　　〔10〕②　　〔11〕②　　〔12〕④

〔13〕 DSB（A3E）送信機が過変調の状態になったとき、どのような現象が生じるか。

① 側波帯が広がる。

② 寄生振動が発生する。

③ 搬送波の周波数が変動する。

④ 占有周波数帯幅が狭くなる。

〔14〕 DSB（A3E）送信機において、占有周波数帯幅が広がる場合の説明として、誤っているものはどれか。

① 送信機が寄生振動を起こしている。

② 変調器の出力に非直線ひずみの成分がある。

③ 変調器の周波数特性が高域で低下している。

④ 変調率が100〔%〕を超えて過変調になっている。

〔15〕 図は、間接FM送信機のFM（F3E）送信機の構成例を示したものである。空欄の部分に入れるべき名称の組合せで、正しいのは次のうちどれか。

	A	B
①	ALC回路	検波器
②	IDC回路	検波器
③	ALC回路	周波数逓倍器
④	IDC回路	周波数逓倍器

水晶発振器 → 位相変調器 → B → 電力増幅器

音声信号入力 → A

〔16〕 FM（F3E）送信機についての記述で、正しいのはどれか。

① 平衡変調器で、周波数変調波を得ている。

② 終段電力増幅器で、変調を行っている。

③ 周波数逓倍器で、所要の周波数偏移を得ている。

④ IDC回路で、送信周波数の変動を防止している。

【解答】 〔13〕① 〔14〕③ 〔15〕④ 〔16〕③

●送信機（第3級試験）

〔17〕 電信送信機において、出力波形が概略以下の図のようになる原因は、次のうちどれか。

① 電けん回路のリレーのチャタリング

② 電源の容量不足

③ 電源回路の作用不完全

④ 電けん回路のフィルタの作用不全

〔18〕 電信送信機において、出力波形が概略以下の図のようになる原因は、次のうちどれか。

① 電けん回路のリレーにチャタリングが生じている。

② 寄生振動が生じている。

③ キークリックが生じている。

④ 電源のリプルが大きい。

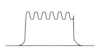

〔19〕 電信送信機において、出力波形が概略以下の図のようになる原因は、次のうちどれか。

① 電源のリプルが大きい。

② 電けん回路のリレーにチャタリングが生じている。

③ キークリックが生じている。

④ 寄生振動が生じている。

〔20〕 電信送信機において、出力波形が概略以下の図のようになる原因は、次のうちどれか。

① 電けん回路のリレーのチャタリング

② 電源の容量不足

③ 電源平滑回路の作用不完全

④ 電けん回路のフィルタの作用不全

【解答】　〔17〕 ①　　〔18〕 ④　　〔19〕 ③　　〔20〕 ②

〔21〕電信送信機の出力の異常波形の概略図とその原因とが、正しく対応しているのは、次のうちどれか。

	波形	原因
①		電けん回路のキークリック
②		電源の容量不足
③		電源のリプルが大きい
④		電源平滑回路の作用不完全

〔22〕電信送信機におけるチャタリングの説明で、正しいのは次のうちどれか。

① 電源電圧の不安定により発生する。
② 電けんの接点の火花により発生する。
③ 電けん回路のリレーの調整不良により発生する。
④ 電けん回路の平滑作用の不完全により発生する。

〔23〕音声信号で変調された電波で、周波数帯幅が通常最も広いのは、次のうちどれか。

① FM 波
② SSB 波
③ CW 波
④ DSB 波

〔24〕電信（A1A）送信機において、電けんを押すと送信状態になり、電けんを離すと受信状態になる電けん操作は、次のうちどれか。

① 同時送受信方式
② ブレークイン方式
③ PTT 方式
④ VFO 方式

【解答】〔21〕②　〔22〕③　〔23〕①　〔24〕②

●受信機

〔25〕次の文の　　　　内に当てはまる字句の組合せは、下記のうちどれか。

　シングルスーパヘテロダイン受信機において、　A　を設けると、周波数変換部で発生する雑音の影響が少なくなるため　B　が改善される。

	A	B
①	高周波増幅部	選択度
②	中間周波増幅部	信号対雑音比
③	周波数変換部	選択度
④	高周波増幅部	信号対雑音比

〔26〕スーパヘテロダイン受信機の局部発振器に必要とされる条件は、次のうちどれか。
① 水晶発振器であること。
② 発振出力の振幅が変化できること。
③ スプリアス成分が少ないこと。
④ 発振周波数が受信周波数より低いこと。

〔27〕スーパヘテロダイン受信機において、近接周波数による混信を軽減する方法で、最も効果的なのは、次のうちどれか。
① AGC 回路を「断」(OFF)にする。
② 高周波増幅器の利得を下げる。
③ 局部発振器に水晶発振回路を用いる。
④ 中間周波増幅部に適切な特性の帯域フィルタ(BPF)を用いる。

〔28〕FM (F3E) 受信機において、復調器として用いられるのは、次のうちどれか。
① 周波数弁別器
② リング検波器
③ 二乗検波器
④ ヘテロダイン検波器

【解答】〔25〕④　〔26〕③　〔27〕④　〔28〕①

〔29〕 図は、FM (F3E) 受信機の構成の一部を示したものである。空欄の部分に入れるべき名称で正しいものは、次のうちどれか。

① 局部発振器
② AGC 回路
③ 定電圧回路
④ スケルチ回路

〔30〕 次の記述は FM (F3E) 受信機の周波数弁別器の働きについて述べたものである。正しいのはどれか。

① 近接周波数による混信を除去する。
② 受信電波が無くなったときに生じる大きな雑音を消す。
③ 受信電波の振幅を一定にして、振幅変調成分を取り除く。
④ 受信電波の周波数の変化を振幅の変化に直し、信号を取り出す。

〔31〕 受信機の中間周波増幅器では、一般にどのような周波数成分が増幅されるか。

① 入力信号周波数と局部発振周波数の差の周波数成分
② 入力信号周波数と局部発振周波数の和の周波数成分
③ 局部発振周波数成分
④ 入力信号周波数成分

〔32〕 クラリファイヤ (または RIT) の動作で、正しいのはどれか。

① 局部発振器の発振周波数を変化させる。
② 低周波増幅器の出力を変化させる。
③ 検波器の出力を変化させる。
④ 高周波増幅器の同調周波数を変化させる。

【解答】 〔29〕 ④   〔30〕 ④   〔31〕 ①   〔32〕 ①

●受信機（第3級試験）━━━━━━━━━━━━━━━

〔33〕 電信用受信機の BFO（ビート周波数発振器）の説明で、正しいのは次のうちどれか。

① ダブルスーパヘテロダイン方式の第二局部発振部の回路である。

② 受信信号を可聴周波信号に変換する回路である。

③ 水晶発振器を用いた周波数安定回路である。

④ 出力側から出る雑音を少なくする回路である。

〔34〕 A1A 電波を受信する無線電信受信機の BFO（ビート周波数発振器）の使用目的として、正しいのは次のうちどれか。

① ダイヤル目盛を較正する。

② 受信周波数を中間周波数に変える。

③ 検波された信号を聞き取りやすい信号音とする。

④ 通信が終わったとき警報を出す。

〔35〕 受信電波の強さが変動しても、受信出力を一定にする働きをするものは、何と呼ばれるか。

① IDC

② BFO

③ AFC

④ AGC

【解答】　〔33〕 ②　　〔34〕 ③　　〔35〕 ④

●電波障害

〔36〕他の無線局に受信障害を与えるおそれが最も低いのは、次のうちどれか。
　① 送信電力が低下したとき
　② 寄生振動があるとき
　③ 高調波が発射されたとき
　④ 妨害を受ける受信アンテナが近いとき

〔37〕アマチュア局の電波が近所のラジオ受信機に電波障害を与えることがあるが、これを通常何といっているか。
　① TVI
　② BCI
　③ アンプI
　④ テレホンI

〔38〕テレビジョン受信機やラジオ受信機に付近の送信機から強力な電波が加わると、受信された信号が受信機の内部で変調され、TVI や BCI を起こすことがある。この現象を何変調と呼んでいるか。
　① 過変調
　② 平衡変調
　③ 混変調
　④ 位相変調

〔39〕アマチュア局から発射された電波のうち、短波の基本波によって TVI が生じた。この防止対策としてテレビジョン受信機のアンテナ端子と給電線の間に、次のうちどれを挿入すればよいか。
　① 高域フィルタ（HPF）
　② 低域フィルタ（LPF）
　③ アンテナカプラ
　④ ラインフィルタ

【解答】　〔36〕①　　〔37〕②　　〔38〕③　　〔39〕①

〔40〕 送信設備から電波が発射されているとき、BCI の発生原因となるおそれがある
　　 もので、誤っているものは、次のうちどれか。

① 過変調になっている。

② 寄生振動が発生している。

③ アンテナ結合回路の結合度が疎になっている。

④ 送信アンテナが送電線に接近している。

〔41〕 50〔MHz〕の電波を発射したところ、150〔MHz〕の電波を受信している受信
　　 機に妨害を与えた。送信機側で通常考えられる妨害の原因は、次のうちどれか。

① スケルチを強くかけすぎている。

② 送信周波数が少しずれている。

③ 同軸給電線が断線している。

④ 高調波が強く発射されている。

〔42〕 夏の昼間に 50〔MHz〕帯で交信を行っていたところ、数 100〔km〕離れた同じ
　　 周波数帯の受信機に混信妨害を与えた。この原因は何か。

① 空電

② スポラジック E 層による伝搬

③ 大気圏の回折による遠距離伝搬

④ 高調波放射

〔43〕 受信機に電波妨害を与えるおそれが最も低いものは、次のうちどれか。

① 電波時計

② 電気溶接機

③ 高周波ミシン

④ 自動車の点火プラグ

【解答】　〔40〕③　　〔41〕④　　〔42〕②　　〔43〕①

●電波障害（第3級試験）

〔44〕次の記述は、送信機によるBCIを避けるための対策について述べたものである。◻️内に入れるべき字句の組合せで、正しいのはどれか。

(1) 送信機の終段の同調回路とアンテナとの結合をできるだけ ◻A◻ にする。

(2) 電信送信機では ◻B◻ を避ける。

	A	B
①	密	キークリック
②	密	ブレークイン方式
③	疎	キークリック
④	疎	ブレークイン方式

〔45〕電信（A1A）送信機において電波障害を防ぐ方法として、誤っているのは次のうちどれか。

① 給電線結合部は静電結合とする。

② 低域フィルタ（LPF）又は帯域フィルタ（BPF）を挿入する。

③ キークリック防止回路を設ける。

④ 高調波トラップを使用する。

【解答】 〔44〕③　〔45〕①

●電源

〔46〕図に示す整流回路において、この名称と出力側 a 点の電圧の極性との組合せで、正しいのは次のうちどれか。

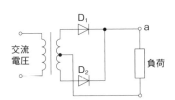

	名称	a 点の極性
①	半波整流回路	正
②	全波整流回路	正
③	半波整流回路	負
④	全波整流回路	負

〔47〕接合ダイオードは整流に適した特性を持っている。次に挙げた特性のうち、正しいのはどれか。

① 順方向電圧を加えたとき、内部抵抗は小さい。

② 逆方向電圧を加えたとき、内部抵抗は小さい。

③ 順方向電圧を加えたとき、電流は流れにくい。

④ 逆方向電圧を加えたとき、電流は容易に流れる。

〔48〕端子電圧 6〔V〕、容量 60〔Ah〕の蓄電池を 3 個直列に接続したとき、その合成電圧と合成容量の値の組合せとして、正しいのは次のうちどれか。

	合成電圧	合成容量
①	6〔V〕	60〔Ah〕
②	18〔V〕	60〔Ah〕
③	6〔V〕	180〔Ah〕
④	18〔V〕	180〔Ah〕

〔49〕電源の定電圧回路に用いられるダイオードは、次のうちどれか。

① バラクタダイオード

② ツェナーダイオード

③ ホトダイオード

④ 発光ダイオード

【解答】　〔46〕②　　〔47〕①　　〔48〕②　　〔49〕②

●アンテナ・給電線

〔50〕 図は、三素子八木アンテナ(八木・宇田アンテナ)の構造を示したものである。各素子の名称の組合せで、正しいのは次のうちどれか。ただし、エレメントの長さは、A＜B＜Cの関係にある。

	A	B	C
①	反射器	導波器	放射器
②	反射器	放射器	導波器
③	導波器	反射器	放射器
④	導波器	放射器	反射器

〔51〕 八木アンテナ(八木・宇田アンテナ)の導波器の素子数が増えた場合、アンテナの性能はどうなるか。
① 指向性が広がる。
② 放射抵抗が高くなる。
③ 利得が上がる。
④ 通達距離が短くなる。

〔52〕 通常、水平面内の指向性が図のようになるアンテナは、次のうちどれか。ただし、点Pは、アンテナの位置を示す。
① ブラウン(グレードプレーン)アンテナ
② ホイップアンテナ
③ 垂直半波長ダイポールアンテナ
④ 水平半波長ダイポールアンテナ

〔53〕 同軸給電線の特性で望ましくない特性は、次のうちどれか。
① 高周波エネルギーを無駄なく伝送する。
② 特性インピーダンスが均一である。
③ 給電線から電波が放射されない。
④ 給電線で電波が受信できる。

【解答】 〔50〕④　〔51〕③　〔52〕④　〔53〕④

● 電波伝搬

〔54〕次の記述の　　　　内に入れるべき字句の組合せで、正しいのはどれか。

　　電波は、電界と磁界が　A　になっており　B　が大地と平行になっている電波を水平偏波という。

	A	B
①	直角	電界
②	直角	磁界
③	平行	電界
④	平行	磁界

〔55〕地上波の伝わり方で、誤っているのはどれか。

① 電離層で反射されて伝わる。　② 大地の表面に沿って伝わる。

③ 大地で反射されて伝わる。　④ 見通し距離内の空間を直接伝わる。

〔56〕超短波（VHF）帯の電波を使用する通信において、通信可能な距離を延ばすための方法として、誤っているのは次のうちどれか。

① アンテナの高さを高くする。

② アンテナの放射角を高角度にする。

③ 鋭い指向性のアンテナを用いる。

④ 利得の高いアンテナを用いる。

〔57〕次の記述の　　　　内に入れるべき字句の組合せで、正しいものはどれか。

　　電波が電離層を突き抜けるときの減衰は、周波数が低いほど　A　、反射するときの減衰は、周波数が低いほど　B　なる。

	A	B
①	大きく	大きく
②	小さく	大きく
③	大きく	小さく
④	小さく	小さく

【解答】〔54〕①　　〔55〕①　　〔56〕②　　〔57〕③

●測定

〔58〕図の電圧計において、破線で囲んだ電圧計 V_0 に、V_0 の内部抵抗 r の4倍の値の直列抵抗器（倍率器）R を接続すると、測定範囲は V_0 の何倍になるか。

① 2倍
② 3倍
③ 4倍
④ 5倍

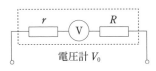

電圧計 V_0

─□─：抵抗

〔59〕アナログ方式の回路計（テスタ）で抵抗値を測定するとき、準備操作としてメータ指針のゼロ点調整を行うが、2本のテスト棒をどのようにしたらよいか。

① 「テスト棒」は、先端を接触させて短絡（ショート）状態にする。
② 「テスト棒」は、測定する抵抗の両端に、それぞれ先端を確実に接触させる。
③ 「テスト棒」は、先端を離し開放状態にする。
④ 「テスト棒」は、測定端子よりはずしておく。

〔60〕定在波比測定器（SWRメータ）を使用して、アンテナと同軸給電線の整合状態を正確に調べるとき、同軸給電線のどの部分に挿入したらよいか。

① 同軸給電線の中央の部分
② 同軸給電線の任意の部分
③ 同軸給電線の、アンテナの給電点に近い部分
④ 同軸給電線の、送信機の出力端子に近い部分

〔61〕アンテナに供給される電力を通過形電力計で測定したところ、進行電力 95〔W〕、反射電力 5〔W〕であった。アンテナへ供給された電力はいくらか。

① 19〔W〕
② 90〔W〕
③ 95〔W〕
④ 100〔W〕

【解答】〔58〕④　〔59〕①　〔60〕③　〔61〕②

電波法規

●無線局の免許

〔1〕 電波法に規定する「無線局」の定義は、次のどれか。
① 無線設備及び無線設備の操作を行う者の総体をいう。ただし、受信のみを目的とするものを含まない。
② 送信装置及び受信装置の総体をいう。
③ 送受信装置及び空中線系の総体をいう。
④ 無線通信を行うためのすべての設備をいう。

〔2〕 次の文は、電波法施行規則に規定する「アマチュア業務」の定義であるが、 　　　 内に入れるべき字句を下の番号から選べ。
「金銭上の利益のためでなく、もっぱら個人的な 　　　 の興味によって行う自己訓練、通信及び技術的研究の業務をいう。」
① 無線技術　　② 通信技術
③ 電波科学　　④ 無線通信

〔3〕 無線局の免許状に記載される事項でないのは、次のどれか。
① 免許人の住所　　② 無線局の種別
③ 空中線の型式　　④ 無線設備の設置場所

〔4〕 次の文は、無線局の通信の相手方の変更等に関する電波法の規定であるが、 　　　 内に入れるべき字句を下の番号から選べ。
「免許人は、通信の相手方、通信事項若しくは無線設備の設置場所を変更し、又は無線設備の 　　　 をしようとするときは、あらかじめ総務大臣の許可を受けなければならない。」
① 機器の型式の変更　　② 通信方式の変更
③ 工事設計の変更　　④ 変更の工事

【解答】　〔1〕 ①　　〔2〕 ①　　〔3〕 ③　　〔4〕 ④

〔5〕 アマチュア局の免許人が、あらかじめ総合通信局長（沖縄総合通信事務所長を含む）の許可を受けなければならない場合は、次のどれか。

① 無線局を廃止しようとするとき。

② 免許状の訂正を受けようとするとき。

③ 無線局の運用を休止しようとするとき。

④ 無線設備の変更の工事をしようとするとき。

〔6〕 免許人が呼出符号の指定の変更を受けようとするときの手続は、次のどれか。

① あらかじめ指示を受ける。

② 免許状の訂正を受ける。

③ その旨を届け出る。

④ その旨を申請する。

〔7〕 総務大臣又は総合通信局長（沖縄総合通信事務所長を含む。）が、無線局の再免許の申請を行た者に対して免許を与えるときに指定する事項はどれか。次のうちから選べ。

① 通信事項

② 呼出符号又は呼出名称

③ 無線設備の設置場所

④ 空中線の型式及び構成

〔8〕 無線局の免許がその効力を失ったとき、免許人であった者が遅滞なくとらなければならないことになっている措置は、次のうちどれか。

① 空中線を撤去する。

② 無線設備を撤去する。

③ 送信装置を撤去する。

④ 受信装置を撤去する。

【解答】 〔5〕④　〔6〕④　〔7〕②　〔8〕①

● 無線設備

〔9〕 電波法に規定する「無線設備」の定義は、次のどれか。

① 無線電信、無線電話その他電波を送るための通信設備をいう。

② 無線電信、無線電話その他電波を送り、又は受けるための電気的設備をいう。

③ 無線電信、無線電話その他の設備をいう。

④ 電波を送るための電気的設備をいう。

〔10〕 単一チャンネルのアナログ信号で周波数変調した電話の電波の型式を表示する記号は、次のどれか。

① F3E

② A3E

③ J3E

④ F3F

〔11〕 電波の質を表すもののうち、電波法に規定されているものは、次のどれか。

① 電波の型式

② 高調波の強度

③ 信号対雑音比

④ 変調度

〔12〕 次の文は、周波数の安定のための条件に関する無線設備規則の規定であるが、　　　　内に入れるべき字句を下の番号から選べ。

「移動するアマチュア局の送信装置は、実際上起り得る　　　　によっても周波数をその許容偏差内に維持するものでなければならない。」

① 振動又は衝撃

② 電圧又は電流の変化

③ 電源電圧又は負荷の変化

④ 外囲の温度又は湿度の変化

【解答】　〔9〕②　　〔10〕①　　〔11〕②　　〔12〕①

●無線設備（第3級試験）━━━━━━━━

〔13〕次の文は、電波法の規定であるが、□□□内に入れるべき字句を下の番号から選べ。

「無線電信とは、電波を利用して、□□□を送り、又は受けるための通信設備をいう。」

① 音声又は映像

② 符号

③ 音声その他の音響

④ 信号

〔14〕電波の型式を表示する記号で、電波の主搬送波の変調の型式が振幅変調で両側波帯のもの、主搬送波を変調する信号の性質がデジタル信号である単一チャンネルのものであって変調のための副搬送波を使用しないもの及び伝送情報の型式が電信であって聴覚受信を目的とするものは、次のどれか。

① F2A

② J3E

③ F3E

④ A1A

〔15〕アマチュア局の手送り電けん操作による送信装置は、どのような通信速度でできる限り安定に動作するものでなければならないか、正しいものを次のうちから選べ。

① その最高運用通信速度より10パーセント速い通信速度

② 通常使用する通信速度

③ 25ボーの通信速度

④ 50ボーの通信速度

【解答】 〔13〕② 〔14〕④ 〔15〕②

●無線従事者 ━━━━━━━━━━━━━━━━━━━━━━━━━━━━━

〔16〕30メガヘルツを超える周波数の電波を使用する無線設備では、第四級アマチュ
ア無線技士が操作を行うことができる最大空中線電力は、次のどれか。

① 10ワット

② 20ワット

③ 25ワット

④ 50ワット

〔17〕無線従事者の免許を与えられないことがある者は、次のどれか。

① 刑法に規定する罪を犯し、罰金以上の刑に処せられ、その執行を終わった
日から2年を経過しない者。

② 一定の期間内にアマチュア局を開設する計画のない者。

③ 住民票の住所と異なる所に居住している者。

④ 無線従事者の免許を取り消され、取消しの日から2年を経過しない者。

〔18〕無線従事者は、その業務に従事しているときは、免許証をどのようにしていなけ
ればならないか、次のうちから選べ。

① 携帯する。

② 通信室内の見やすい個所に掲げる。

③ 通信室内に保管する。

④ 無線局に備え付ける。

〔19〕無線従事者が免許証を失って再交付を受けた後、失った免許証を発見したとき
は、発見した日からどれほどの期間内にその免許証を返納しなければならないか、次
のうちから選べ。

① 1か月

② 14日

③ 10日

④ 7日

━━

【解答】〔16〕②　　〔17〕④　　〔18〕①　　〔19〕③

●無線従事者（第3級試験）

〔20〕次の文は、第三級アマチュア無線技士の無線設備の操作に関する無線従事者操作範囲令の規定であるが、[　]内に入れるべき字句を下の番号から選べ。

「アマチュア無線局の空中線電力[　]の無線設備で18メガヘルツ以上又は8メガヘルツ以下の周波数の電波を使用するものの操作」

① 10ワット以上
② 25ワット以下
③ 50ワット以上
④ 50ワット以下

〔21〕次の文は、第三級アマチュア無線技士の無線設備の操作に関する無線従事者操作範囲令の規定であるが、[　]内に入れるべき字句を下の番号から選べ。

「アマチュア無線局の空中線電力50ワット以下の[　]で18メガヘルツ以上又は8メガヘルツ以下の周波数の電波を使用するものの操作」

① 無線電話　　② 無線電信
③ 無線設備　　④ テレビジョン

〔22〕第三級アマチュア無線技士の資格を有する者が操作を行うことができる無線設備の最大空中線電力はどれか、正しいものを次のうちから選べ。

① 100ワット以下　　② 50ワット以下
③ 25ワット以下　　④ 10ワット以下

〔23〕第三級アマチュア無線技士の資格を有する者が操作を行うことができる無線設備は、次のどの周波数を使用するものか。

① 8メガヘルツ以上の周波数
② 8メガヘルツ以上18メガヘルツ以下の周波数
③ 18メガヘルツ以下の周波数
④ 18メガヘルツ以上又は8メガヘルツ以下の周波数

【解答】 〔20〕④　　〔21〕③　　〔22〕②　　〔23〕④

●運用

〔24〕アマチュア局は、自局の発射する電波がテレビジョン放送又はラジオ放送の受信等に支障を与えるときは、非常の場合の無線通信等を行う場合を除き、どのようにしなければならないか、次のうちから選べ。

① 注意しながら電波を発射する。

② 障害の状況を把握し、適切な措置をしてから電波を発射する。

③ 空中線電力を小さくする。

④ 速やかに当該周波数による電波の発射を中止する。

〔25〕アマチュア局は、他人の依頼による通報を送信することができるかどうか、次のうちから選べ。

① やむを得ないと判断したものはできる。

② できる。

③ 内容が簡単であればできる。

④ できない。

〔26〕アマチュア局を運用する場合において、無線設備の設置場所は、遭難通信を行う場合を除き、次のどれに記載されたところによらなければならないか。

① 無線局免許申請書

② 無線局事項書

③ 免許状

④ 免許証

〔27〕アマチュア局を運用する場合において、空中線電力は、遭難通信を行う場合を除き、次のどれによらなければならないか。

① 通信の相手方となる無線局が要求するもの。

② 無線局免許申請書に記載したもの。

③ 免許状に記載されたものの範囲内で適当なもの。

④ 免許状に記載されたものの範囲内で通信を行うため必要最小のもの。

【解答】　〔24〕④　　〔25〕④　　〔26〕③　　〔27〕④

〔28〕アマチュア局が無線通信を行うときは、その出所を明らかにするため、何を付さなければならないか、次のうちから選べ。

① 自局の設置場所　　② 免許人の氏名

③ 自局の呼出符号　　④ 免許人の住所

〔29〕次の文は、無線局運用規則の規定であるが、　　　　内に入れるべき字句を下の番号から選べ。

「無線通信は、正確に行うものとし、通信上の誤りを知ったときは、　　　　」

① 初めから更に送信しなければならない。

② 通報の送信が終わった後、訂正箇所を通知しなければならない。

③ 直ちに訂正しなければならない。

④ 適宜に通報の訂正を行わなければならない。

〔30〕無線電話通信において、「さようなら」を送信することになっている場合は、次のどれか。

① 通信が終了したとき。

② 通報を確実に受信したとき。

③ 通報の送信を終了したとき。

④ 無線機器の試験又は調整を終わったとき。

〔31〕アマチュア局の無線電話通信における応答事項は、次のどれか。

①	(1)	相手局の呼出符号	3回以下	(2) こちらは	1回
	(3)	自局の呼出符号	3回		
②	(1)	相手局の呼出符号	3回	(2) こちらは	1回
	(3)	自局の呼出符号	3回		
③	(1)	相手局の呼出符号	2回	(2) こちらは	1回
	(3)	自局の呼出符号	2回		
④	(1)	相手局の呼出符号	3回以下	(2) こちらは	1回
	(3)	自局の呼出符号	1回		

【解答】〔28〕③　〔29〕③　〔30〕①　〔31〕④

〔32〕次の文は、電波法施行規則に規定する「混信」の定義であるが、□内に入れるべき字句を下の番号から選べ。

「他の無線局の正常な業務の運行を□する電波の発射、輻射又は誘導をいう。」

① 制限　② 中断
③ 停止　④ 妨害

〔33〕無線電話通信において、自局に対する呼出しを受信した場合に、呼出局の呼出符号が不確実であるときは、応答事項のうち相手局の呼出符号の代わりに、次のどれを使用して直ちに応答しなければならないか。

① 再びこちらを呼んでください。
② 誰かこちらを呼びましたか。
③ 貴局名は何ですか。
④ 反復願います。

〔34〕アマチュア局が呼出しを反復しても応答がないときは、できる限り、少なくとも何分間の間隔をおかなければ呼出しを再開してはならないか、次のうちから選べ。

① 3分間　② 5分間
③ 10分間　④ 15分間

〔35〕アマチュア局が長時間継続して通報を送信する場合、「こちらは」及び自局の呼出符号は何分ごとを標準として適当に送信しなければならないか、次のうちから選べ。

① 5分
② 10分
③ 15分
④ 30分

【解答】〔32〕④　〔33〕②　〔34〕①　〔35〕②

〔36〕無線電話通信において、送信した通報を反復して送信するときは、1字若しくは1語ごとに反復する場合又は略符号を反復する場合を除き、次のどれによらなければならないか。

① 通報の各通ごとに「反復」2回を前置する。
② 通報の1連続ごとに「反復」3回を前置する。
③ 通報の最初及び適当な箇所で「反復」を送信する。
④ 通報の各通ごと又は1連続ごとに「反復」を前置する。

〔37〕無線局が無線機器の試験又は調整のため電波の発射を必要とするとき、発射する前に自局の発射しようとする電波の周波数及びその他必要と認める周波数によって聴守して確かめなければならないのは、次のどれか。

① 非常の場合の無線通信が行われていないこと。
② 他の無線局の通信に混信を与えないこと。
③ 他の無線局が通信を行っていないこと。
④ 受信機が最良の状態にあること。

〔38〕無線電話の機器の調整中、しばしばその電波の周波数により聴守を行って確かめなければならないのは、次のどれか。

① 他に当該周波数による電波の発射がないかどうか。
② 周波数の偏差が許容値を超えていないかどうか。
③ 受信機が最良の感度に調整されているかどうか。
④ 他の無線局から停止の要求がないかどうか。

〔39〕試験電波の発射を行う場合に無線局運用規則で使用することとされている略語は、次のどれか。

① 明りょう度はいかがですか。
② 本日は晴天なり。
③ 感度はいかがですか。
④ お待ちください。

【解答】 〔36〕④　〔37〕②　〔38〕④　〔39〕②

〔40〕 無線局は、無線設備の機器の試験又は調整を行うために運用するときには、なるべく何を使用しなければならないか、次のうちから選べ。

① 水晶発振回路

② 高調波除去装置

③ 擬似空中線回路

④ 空中線電力低下装置

〔41〕 アマチュア局がその免許状に記載された目的又は通信の相手方若しくは通信事項の範囲を超えて運用できるのは、次のどれか。

① 非常通信

② 道路交通状況に関する通信

③ 携帯移動業務の通信

④ 他人から依頼された通信

〔42〕 非常の場合の無線通信において、無線電話により連絡を設定するための呼出し又は応答は、呼出事項又は応答事項に「非常」の略語を何回前置して行うことになっているか、次のうちから選べ。

① 1回

② 2回

③ 3回

④ 4回

〔43〕 次の文は、電波法の規定であるが、　　　　　内に入れるべき字句を、下の番号から選べ。

　「何人も法律に別段の定めがある場合を除くほか、　　　　　に対して行われる無線通信を傍受してその存在若しくは内容を漏らし、又はこれを窃用してはならない。」

① 自己に利害関係のない通信の相手方

② 自己に利害関係がある無線局

③ 遠方にある無線局

④ 特定の相手方

【解答】　〔40〕③　　　〔41〕①　　　〔42〕③　　　〔43〕④

●運用(第3級試験)

〔44〕次の「　」内は、アマチュア局のモールス無線通信において相手局(1局)を呼び出す場合に順次送信する事項である。 ☐ 内に入れるべき字句を下の番号から選べ。

「 (1)　相手局の呼出符号　　　☐　　　　(2)　DE　　　1回

　 (3)　自局の呼出符号　　　3回以下」

① 3回以下　　② 5回

③ 10回　　　④ 数回

〔45〕次の「　」内は、アマチュア局のモールス無線電信において、免許状に記載された通信の相手方である無線局を一括して呼び出す場合に順次送信する事項である。 ☐ 内に入れるべき字句を下の番号から選べ。

「 (1)　CQ　　　　　☐　　　(2)　DE　　　1回

　 (3)　自局の呼出符号　3回以下　(4)　K　　　1回　」

① 2回以下　　② 3回

③ 5回以下　　④ 10回以下

〔46〕アマチュア局の無線電信通信における応答事項は、次のどれか。

① (1)　相手局の呼出符号　　3回以下
　 (2)　DE　　　　　　　　1回
　 (3)　自局の呼出符号　　　3回
② (1)　相手局の呼出符号　　3回
　 (2)　DE　　　　　　　　1回
　 (3)　自局の呼出符号　　　3回
③ (1)　相手局の呼出符号　　3回以下
　 (2)　DE　　　　　　　　1回
　 (3)　自局の呼出符号　　　1回
④ (1)　相手局の呼出符号　　2回
　 (2)　DE　　　　　　　　1回
　 (3)　自局の呼出符号　　　2回

【解答】〔44〕①　　〔45〕②　　〔46〕③

〔47〕無線電信通信において、応答に際して直ちに通報を受信しようとするとき、応答
事項の次に送信する略符号は、次のどれか。

① $\overline{AS}$　② R

③ OK　④ K

〔48〕アマチュア局のモールス無線通信において、応答に際し10分以上後でなければ
通報を受信することができない事由があるとき、応答事項の次に送信するものは、
次のどれか。

① 「$\overline{AS}$」、分で表す概略の待つべき時間及びその理由。

② 「K」及び分で表す概略の待つべき時間。

③ 「K」及び通報を受信することができない事由。

④ 「$\overline{AS}$」及び呼出しを再開すべき時刻。

〔49〕モールス無線電信において、「そちらの信号の強さは、非常に強いです。」を示
すQ符号をモールス符号で表したものは次のどれか。

① ― ― ・ ―　・ ― ・　― ―　・ ― ― ― ―

② ― ― ・ ―　・ ― ・　― ・　・ ― ― ― ―

③ ― ― ・ ―　・ ― ・　― ・ ―　・ ・ ・ ・ ・

④ ― ― ・ ―　・ ・ ・　・ ― ―　・ ・ ・ ・ ・

〔50〕無線局は、モールス無線通信で自局に対する呼出しを受信した場合において、
呼出局の呼出符号が不確実であるときは、どうしなければならないか。正しいもの
を次のうちから選べ。

① 応答事項のうち相手局の呼出符号の代わりに「QRA?」を使用して、直ちに
応答しなければならない。

② 応答事項のうち相手局の呼出符号の代わりに「QRZ?」を使用して、直ちに
応答しなければならない。

③ 直ちに応答して、自局に対する呼出しであることを確認しなければならない。

④ その呼出しが反覆され、かつ、自局に対する呼出しであることが確実に判
明するまで応答してはならない。

【解答】〔47〕④　〔48〕①　〔49〕④　〔50〕②

〔51〕モールス無線通信において、通報の送信を終わるときに使用する略符号をモール
　　ス符号で表したものは、次のどれか。

① ー ー ー　ー・ー

② ー　・・ー

③ ・ー・ー・

④ ー・　・・　ー　ー・・

〔52〕アマチュア局のモールス無線通信において長時間継続して通報を送信するとき、
　　10分ごとを標準として適当に送信しなければならない事項は、次のどれか。

① 相手局の呼出符号　　　　② 自局の呼出符号

③ (1)　DE　　　　　　　　④ (1)　相手局の呼出符号

　　(2)　自局の呼出符号　　　　(2)　DE

　　　　　　　　　　　　　　　(3)　自局の呼出符号

〔53〕次の文は、長時間の送信に関する無線局運用規則の規定であるが、　　　　内
　　に入れるべき字句を下の番号から選べ。

　　「無線局は、長時間継続して通報を送信するときは、30分（アマチュア局にあって
　　は10分）ごとを標準として適当に　　　　を送信しなければならない。」

① QRK?

② QSA?

③ 「DE」及び自局の呼出符号

④ 相手局の呼出符号

〔54〕アマチュア局は、モールス無線通信において長時間継続して通報を送信するとき
　　は、何分ごとを標準として適当に「DE」及び自局の呼出符号を送信しなければなら
　　ないか、次のうちから選べ。

① 5分

② 10分

③ 15分

④ 30分

【解答】　〔51〕③　　　〔52〕③　　　〔53〕③　　　〔54〕②

〔55〕 モールス無線通信において、欧文通信の訂正符号を示す略符号をモールス符号
で表したものは、次のどれか。

① ━ - - - ━

② - - - - - - -

③ - ━ - ━ -

④ - - - ━ - ━

〔56〕 モールス無線通信において、手送りによる欧文の送信中に誤った送信を行ったこ
とを知ったときは、次のどれによらなければならないか。

① 「$\overline{\text{HH}}$」を前置して、初めから更に送信する。

② 「RPT」を前置して、誤った語字から更に送信する。

③ そのまま送信を継続し、送信終了後「RPT」を前置して、訂正個所を示し
て正しい語字を送信する。

④ 「$\overline{\text{HH}}$」を前置して、正しく送信した適当な語字から更に送信する。

〔57〕 モールス無線通信において、相手局に対し通報の反復を求めようとするときは、
次のどれによることになっているか。

① 「RPT」を送信する。

② 反復する箇所を繰り返し送信する。

③ 「RPT」の次に反復する箇所を示す。

④ 反復する箇所の次に「RPT」を送信する。

〔58〕 モールス無線通信において、送信した通報を反復して送信するときは、1字若し
くは1語ごとに反復する場合又は略符号を反復する場合を除き、次のどれによらな
ければならないか。

① 通報の各通ごとに「RPT」2回を前置する。

② 通報の1連続ごとに「RPT」3回を前置する。

③ 通報の最初及び適当な個所で「RPT」を送信する。

④ 通報の各通ごと又は一連続ごとに「RPT」を前置する。

【解答】　〔55〕②　　〔56〕④　　〔57〕③　　〔58〕④

〔59〕モールス無線通信において、「VA」を送信することになっている場合は、次のどれか。

① 通信が終了したとき。　　② 通信を確実に受信したとき。

③ 通報の送信を終了したとき。　④ 無線機器の試験又は調整を終わったとき。

〔60〕モールス無線通信において、「こちらは、受信証を送ります。」を示すQ符号をモールス符号で表したものは、次のどれか。

① ― ― ・ ― 　・・・ 　・ ― ・・

② ― ― ・ ― 　・・・ 　・・ ―

③ ― ― ・ ― 　・・・ 　・・ ・ ―

④ ― ― ・ ― 　・・・ 　・ ― ―

〔61〕電波の発射を必要とするモールス無線通信の機器の調整中、しばしばその電波の周波数により聴守を行って確かめなければならないのは、次のどれか。

① 他の無線局から停止の要求がないかどうか。

② 受信機が最良の感度に調整されているかどうか。

③ 周波数の偏差が許容値を超えていないかどうか。

④ 「VVV」の連続及び自局の呼出符号の送信が10秒間を超えていないかどうか。

〔62〕モールス無線通信における非常の場合の無線通信において、連絡を設定するための呼出し又は応答は、呼出事項又は応答事項に「OSO」を何回前置して行うことになっているか、正しいものを次のうちから選べ。

① 1回　　② 2回　　③ 3回　　④ 4回

〔63〕モールス無線通信における非常の場合の無線通信において、連絡を設定するための応答は、次のどれによって行うか。

① 応答事項の次に「OSO」2回を送信する。

② 応答事項の次に「OSO」3回を送信する。

③ 応答事項に「OSO」1回を前置する。

④ 応答事項に「OSO」3回を前置する。

【解答】〔59〕①　　〔60〕①　　〔61〕①　　〔62〕③　　〔63〕④

●監督 ━━━

〔64〕臨時検査（電波法第73条第4項の検査）が行われる場合は、次のどれか。

① 無線局の再免許が与えられたとき。

② 無線従事者選解任届を提出したとき。

③ 無線設備の工事設計の変更をしたとき。

④ 臨時に電波の発射の停止を命ぜられたとき。

〔65〕無線局の発射する電波の質が、総務省令で定めるものに適合していないと認められるとき、その無線局についてとられることがある措置は、次のどれか。

① 免許を取り消される。

② 空中線の撤去を命ぜられる。

③ 臨時に電波の発射の停止を命ぜられる。

④ 周波数又は空中線電力の指定を変更させる。

〔66〕免許人が総務大臣から3か月以内の期間を定めて無線局の運用の停止を命ぜられることがあるのは、次のどの場合か。

① 免許証を失ったとき。

② 電波法に違反したとき。

③ 免許状を失ったとき。

④ 無線局の運用を休止したとき。

〔67〕免許人が電波法に基づく処分に違反したときに、その無線局について総務大臣から受けることがある処分は、次のどれか。

① 運用の停止

② 電波の型式の制限

③ 通信の相手方の制限

④ 無線従事者の解任命令

━━

【解答】〔64〕④　　〔65〕③　　〔66〕②　　〔67〕①

〔68〕アマチュア局の免許人が不正な手段により無線設備の変更の工事の許可を受けたとき、総務大臣から受けることがある処分は、次のどれか。

① 運用の停止

② 周波数又は空中線電力の制限

③ 免許の取消し

④ 運用許容時間の制限

〔69〕無線従事者が、電波法若しくは電波法に基づく命令又はこれらに基づく処分に違反したときに行われることがあるのは、次のどれか。

① 6か月の無線従事者国家試験の受験停止

② 6か月のアマチュア業務の従事停止

③ 3か月以内の期間の業務の従事停止

④ 3か月以内の期間の無線設備の操作範囲の制限

〔70〕無線従事者の免許が取り消されることがある場合は、次のどれか。

① 免許証を失ったとき。

② 電波法に違反したとき。

③ 日本の国籍を失ったとき。

④ 引き続き6か月以上無線設備の操作を行わなかったとき。

〔71〕免許人は、電波法に違反して運用した無線局を認めたとき、電波法の規定により、どのようにしなければならないか、次のうちから選べ。

① 総務大臣に報告する。

② その無線局の電波の発射を停止させる。

③ その無線局の免許人に注意を与える。

④ その無線局の免許人を告発する。

【解答】 〔68〕③ 〔69〕③ 〔70〕② 〔71〕①

● **業務書類**

〔72〕移動するアマチュア局（人工衛星に開設するものを除く。）の免許状は、どこに備え付けておかなければならないか。正しいものを次のうちから選べ。

① 免許人の住所

② 無線設備の常置場所

③ 受信装置のある場所

④ 無線局事項書の写しを保管している場所

〔73〕次の文は、免許状に関する電波法の規定であるが、□□□内に入れるべき字句を下の番号から選べ。

「免許人は、免許状に記載した事項に変更を生じたときは、その免許状を総務大臣に提出し、□□□を受けなければならない。」

① 訂正　　② 再免許

③ 承認　　④ 再交付

〔74〕免許人は、免許状に記載された事項に変更を生じたとき、とらなければならない手続は、次のどれか。

① 1か月以内に返す。

② 再免許を申請する。

③ その旨を報告する。

④ 免許状の訂正を受ける。

〔75〕免許人が、1か月以内に免許状を返納しなければならない場合は、次のどれか。

① 無線局の運用を休止しようとするとき。

② 無線局の運用の停止を命ぜられたとき。

③ 免許がその効力を失ったとき。

④ 免許状の再交付を受けたとき。

【解答】〔72〕②　　〔73〕①　　〔74〕④　　〔75〕③

●国際法規（第3級試験）

〔76〕次の記述は、国際電気通信連合憲章第4条に規定する無線通信規則（以下「無線通信規則」と略す）に規定する「アマチュア業務」の定義であるが、◻内に入れるべき字句を下の番号から選べ。

「アマチュア、すなわち、◻、専ら個人的に無線技術に興味をもち、正当に許可された者が行う自己訓練、通信及び技術研究のための無線通信業務」

① 通信手段の不足を補うため
② 金銭上の利益のためでなく
③ 教育活動において利用するため
④ 福祉活動において利用するため

〔77〕次の記述は、無線通信規則に規定する「アマチュア業務」の定義であるが、◻内に入れるべき字句を下の番号から選べ。

「アマチュア、すなわち、金銭上の利益のためでなく、専ら◻、正当に許可された者が行う自己訓練、通信及び技術研究のための無線通信業務」

① 個人的に無線技術に興味をもち
② 災害時における通信手段の確保のため
③ 教育活動の一環として
④ 福祉活動の一環として

〔78〕次の記述は、無線通信規則に規定する「アマチュア業務」の定義であるが、◻内に入れるべき字句を下の番号から選べ。

「アマチュア、すなわち、金銭上の利益のためでなく、専ら個人的に無線技術に興味をもち、正当に許可された者が行う◻及び技術研究のための無線通信業務」

① 通信練習、運用
② 自己訓練、通信
③ 通信操作
④ 趣味

【解答】 〔76〕② 〔77〕① 〔78〕②

〔79〕 次の記述は、無線通信規則に規定する「アマチュア業務」の定義であるが、□□□□内に入れるべき字句を下の番号から選べ。

　　「アマチュア、すなわち、金銭上の利益のためでなく、専ら個人的に無線技術に興味をもち、□□□□が行う自己訓練、通信及び技術研究のための無線通信業務」

① 　無線機器を所有する者

② 　相当な知識を有する者

③ 　相当な技能を有する者

④ 　正当に許可された者

〔80〕 無線通信規則では、送信局は、業務を満足に行うため、どのような電力で輻射しなければならないと定められているか、正しいものを次のうちから選べ。

① 　相手局の要求する電力

② 　適当に制限した電力

③ 　必要な最大限の電力

④ 　必要な最小限の電力

〔81〕 次の記述は、混信に関する無線通信規則の規定であるが、□□□□内に入れるべき字句を下の番号から選べ。

　　「送信局は、業務を満足に行うために必要な□□□□電力で輻射する。」

① 　最大限の　　　　　② 　最小限の

③ 　適当に制限した　　④ 　自由に決定した

〔82〕 次の記述は、アマチュア業務に関する無線通信規則の規定であるが、□□□□内に入れるべき字句を下の番号から選べ。

　　「国際電気通信連合憲章、国際電気通信連合条約及び無線通信規則の□□□□一般規定は、アマチュア局に適用する。」

① 　すべての

② 　混信を回避するための措置に関する

③ 　運用に関する

④ 　技術特性に関する

【解答】　〔79〕④　　〔80〕④　　〔81〕②　　〔82〕①

〔83〕 次に掲げるもののうち、無線通信規則の規定に照らし、アマチュア局に禁止されていない伝送は、どれか。

① 不要な伝送

② 略語による伝送

③ 虚偽の信号の伝送

④ まぎらわしい信号の伝送

〔84〕 無線通信規則では、周波数の分配のため、世界を地域的に区分しているが、いくつの地域に区分しているか、次のうちから選べ。

① 3の地域

② 4の地域

③ 5の地域

④ 6の地域

〔85〕 無線通信規則では、周波数分配のため、世界を地域的に区分しているが、日本は次のどれに属するか。

① 第一地域

② 第二地域

③ 第三地域

④ 極東地域

〔86〕 無線通信規則の周波数分配表において、アマチュア業務に分配されている周波数帯は、次のどれか。

① 6,765 kHz ～ 7,000 kHz

② 7,000 kHz ～ 7,200 kHz

③ 7,300 kHz ～ 7,400 kHz

④ 7,400 kHz ～ 7,450 kHz

【解答】 〔83〕② 〔84〕① 〔85〕③ 〔86〕②

〔87〕無線通信規則の周波数分配表において、アマチュア業務に分配されている周波
　　数帯は、次のどれか。
　①　42 MHz ～ 46 MHz
　②　46 MHz ～ 50 MHz
　③　50 MHz ～ 54 MHz
　④　54 MHz ～ 58 MHz

〔88〕無線通信規則の周波数分配表において、アマチュア業務に分配されている周波
　　数帯は、次のどれか。
　①　108 MHz ～ 143.6 MHz
　②　144 MHz ～ 146 MHz
　③　154 MHz ～ 174 MHz
　④　235 MHz ～ 267 MHz

〔89〕国際電気通信連合憲章、国際電気通信連合条約又は無線通信規則に違反する
　　局を認めた局は、どうしなければならないか、次のうちから正しいものを選べ。
　①　違反した局の属する国の主管庁に報告する。
　②　違反を認めた局の属する国の主管庁に報告する。
　③　違反した局に通報する。
　④　国際電気通信連合に報告する。

〔90〕次の記述は、局の識別について、無線通信規則の規定に沿って述べたものであ
　　る。　　　　内に入れるべき字句を下の番号から選べ。
　　「アマチュア業務において、　　　　は、識別信号を伴うものとする。」
　①　連絡設定における最初の呼出し及び応答
　②　異なる国のアマチュア局相互間の伝送
　③　すべての伝送
　④　モールス無線電信による異なる国のアマチュア局相互間の伝送

【解答】　〔87〕③　　〔88〕②　　〔89〕②　　〔90〕③

〔91〕無線通信規則では、アマチュア局は、その伝送中自局の呼出符号をどのように伝送しなければならないと規定しているか、正しいものを次のうちから選べ。

① 短い間隔で伝送しなければならない。
② 始めと終わりに伝送しなければならない。
③ 適当な時に伝送しなければならない。
④ 伝送の中間で伝送しなければならない。

〔92〕次の記述は、局の識別に関する無線通信規則の規定である。□□□内に入れるべき字句を下の番号から選べ。

「虚偽の又は□□□識別表示を使用する伝送は、すべて禁止する。」

① 適当でない
② 国際符字列に従わない
③ まぎらわしい
④ 割り当てられていない

●モールス符号の理解度を確認する問題

〔93〕4MUSEN をモールス符号で表したものは、次のどれか。

① ━・・・・ ━━・ ・・━ ・・・ ・ ━・
② ━・・・・ ━━ ・・━ ・・・ ・ ━・
③ ・・・・━ ━━・ ・・━ ・・・ ・ ━・
④ ・・・・━ ━━ ・・━ ・・・ ・ ━・

〔94〕5VHIBFYA をモールス符号で表したものは、次のどれか。

① ・・・・・ ・・・━ ・・・・ ・・ ━・・・ ・・━・ ━・━━ ・━
② ・・・・・ ・・・━ ・・・・ ・・ ━・・・ ・・━・ ━・━━ ・━
③ ━━━━━ ・・・━ ・・・ ・・ ━・・ ・・━・ ━・━━ ━・・
④ ━━━━━ ・・・━ ・・・・ ・・ ━・・・ ・・━・ ━・━━ ・━

【解答】 〔91〕① 〔92〕③ 〔93〕④ 〔94〕②

■ 監修

吉川 忠久（ヨシカワ タダヒサ）

東京理科大学物理学科卒業。郵政省関東電気通信監理局電波監視官を経て、現在、中央大学理工学部兼任講師、明星大学理工学部非常勤講師、日本工学院八王子専門学校非常勤講師を務める。JARDのアマチュア無線技士養成講習会委託講師、QCQ企画の上級アマチュア無線技士国家試験受験講習会の指導も多数行っていた。著書に『基礎からよくわかる無線工学』（CQ出版）、『第三級アマチュア無線技士試験問題集』（東京電機大学出版局）などがある。

コールサイン：JH1VIY
HF500W局、移動50W局を開局

■ STAFF

装幀　　　　　　脇田みどり（株式会社エヌ・オフィス）
本文デザイン・組版　株式会社エヌ・オフィス
イラスト　　　　もとやまもーこ

はじめての
3級・4級アマチュア無線技士試験テキスト&問題集

2021年12月20日　初版第1刷発行
2023年 5月30日　初版第2刷発行

監　修　　　　吉川　忠久
発行者　　　　佐藤　秀
発行所　　　　株式会社 つちや書店
　　　　　　　〒113-0023
　　　　　　　東京都文京区向丘1-8-13
　　　　　　　TEL　03-3816-2071
　　　　　　　FAX　03-3816-2072
　　　　　　　E-mail　info@tsuchiyashoten.co.jp
印刷・製本　　日経印刷株式会社